ISBN-13: 978-1542596688

ISBN-10: 1542596688

Energía solar térmica

Proyectos, cálculos y aplicaciones

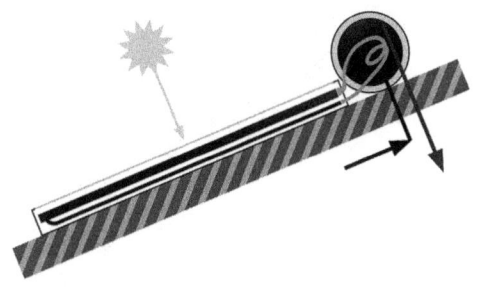

Ing. Miguel D'Addario

Primera edición

CE

2017

Índice

Autor

Miguel D'Addario es ingeniero industrial (UNC), con orientación eléctrica. Es técnico superior en equipos industriales, mantenimiento y gestión. Es docente en los niveles de Formación profesional, Secundario y Universitario. Además instructor de AutoCAD, 3D y modelado. Ha publicado una centena de libros, en su mayoría técnicos educativos para todos los niveles.

Sus libros se encuentran en diferentes centros de estudios y bibliotecas del mundo, como por ejemplo la Universidad San Pablo de Perú, Universidad de Santo Domingo la República Dominicana, Universidad de San Gregorio de Ecuador, Universitat de Valencia, Biblioteca Nacional de España, Biblioteca Nacional de Argentina, Universidad de Texas, Universidad de Toronto, Universidad de Deusto, Biblioteca Nacional Británica, Universidad de Harvard, Biblioteca del Congreso de los Estados Unidos.

Sus libros son traducidos a múltiples idiomas y están distribuidos en los bookstores más relevantes del mundo.

Otras obras similares del autor:

- Automatismo industrial

- Diseño industrial

- Electricidad básica

- Electrónica básica

- Dibujo técnico

- Manual de AutoCAD 2D

- Equipos de frío

- Equipos de Calor

- Gestión del mantenimiento

- Energía eólica

- Energía solar fotovoltaica

- Robótica industrial

- Teoría de circuitos

Webs donde conocer y/o adquirir otras obras del autor:

http://migueldaddariobooks.blogspot.com

https://www.amazon.com/Miguel-DAddario

https://www.createspace.com/pubMiguelDAddario

Introducción

La Tierra es sólo un mundo pequeño en la órbita de una estrella que, aunque es de lo más corriente en la inmensidad del universo, resulta fundamental par a nuestra existencia. Y es que casi toda la energía de que disponemos proviene del Sol. Él es la causa de las corrientes de aire, de la evaporación de las aguas superficiales, de la formación de nubes, de las lluvias y, por consiguiente, el origen de otras formas de energía renovable, como el viento, las olas o la biomasa. Su calor y su luz son la base de numerosas reacciones químicas indispensables para el desarrollo de las plantas, de los animales y, en definitiva, para que pueda haber vida sobre la Tierra. El Sol es, por tanto, la principal fuente de energía para todos los procesos que tienen lugar en nuestro planeta. Localizado a una distancia media de 150 millones de kilómetros, tiene un radio de 109 veces el de la Tierra y está formado por gas a muy alta temperatura. En su núcleo se producen continuamente reacciones atómicas de fusión nuclear que convierten el hidrógeno en helio. Este proceso libera gran cantidad

de energía que sale hasta la superficie visible del Sol (fotosfera), y escapa en forma de rayos solares al espacio exterior. Se calcula que en el interior del Sol se queman cada segundo unos 700 millones de toneladas de hidrógeno, de las que 4,3 millones se transforman en energía. Una parte importante de esta energía se emite a través de los rayos solares al resto de planetas, lunas, asteroides y cometas que componen nuestro sistema solar. Más concretamente, hasta la Tierra llega una cantidad de energía solar equivalente a 1,7x1014 kW, lo que representa la potencia correspondiente a 1 70 millones de reactores nuclear es de 1.000 MW de potencia eléctrica unitaria, o lo que es lo mismo, 10.000 veces el consumo energético mundial. Las previsiones actuales apuntan a que, en los próximos 6.000 millones de años, el Sol tan solo consumirá el diez por ciento del hidrógeno que contiene en su interior, podemos asegurar que disponemos de una fuente de energía gratuita, asequible a todos (cualquier país puede disponer de ella) y respetuosa con el medio ambiente, por un periodo de tiempo prácticamente ilimitado. La energía solar térmica consiste en el aprovechamiento de la

energía del Sol para producir calor que puede aprovecharse para cocinar alimentos o para la producción de agua caliente destinada al consumo de agua doméstico, ya sea agua caliente sanitaria, calefacción, o para producción de energía mecánica y, a partir de ella, de energía eléctrica. Adicionalmente puede emplearse para alimentar una máquina de refrigeración por absorción, que emplea calor en lugar de electricidad para producir frío con el que se puede acondicionar el aire de los locales. Los colectores de energía solar térmica están clasificados como colectores de baja, media y alta temperatura. Los colectores de baja temperatura generalmente son placas planas usadas para calentar agua. Los colectores de temperatura media también usualmente son placas planas usadas para calentar agua o aire para usos residenciales o comerciales. Los colectores de alta temperatura concentran la luz solar usando espejos o lentes y generalmente son usados para la producción de energía eléctrica. La energía solar térmica es diferente y mucho más eficiente que la energía solar fotovoltaica, la que convierte la energía solar directamente en electricidad. Mientras que las

instalaciones generadoras proporcionan solo 600 megavatios de energía solar térmica a nivel mundial otras centrales están bajo construcción por otros 400 megavatios y se están desarrollando otros proyectos de energía termosolar de concentración por un total de 14 gigavatios. En cuanto a la generación de agua caliente para usos sanitarios hay dos tipos de instalaciones de los comúnmente llamados calentadores: las de circuito abierto y las de circuito cerrado. En las primeras, el agua de consumo pasa directamente por los colectores solares. Este sistema reduce costos y es más eficiente, pero presenta problemas en zonas con temperaturas por debajo del punto de congelación del agua.

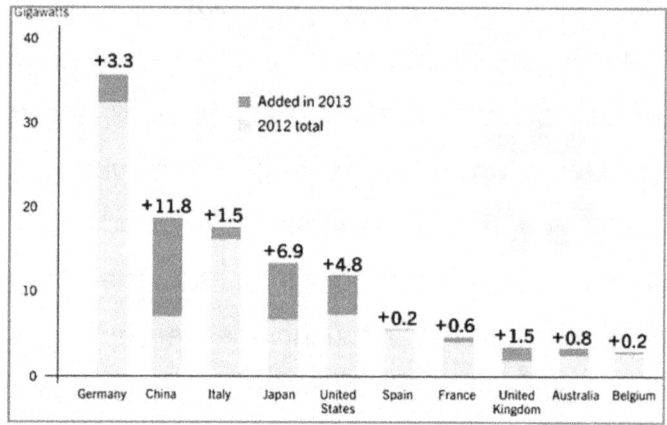

Instalaciones solares en GigaWatts en el mundo

Radiación solar

Cualquier persona que quiera aprovechar la energía solar debe ser capaz, en primer lugar, de responder a la pregunta de qué cantidad de energía llegará al lugar donde prevé realizar la captación; o sea, qué irradiancia solar recibirá por unidad de superficie. Para ello, habrá que empezar por saber qué es y cómo se comporta la radiación solar, así como cuánta energía es posible captar en función de la región del mundo en la que nos encontremos. Como punto de partida debemos tener en cuenta que la luz es una de las formas que adopta la energía para trasladarse de un lugar a otro. En el caso del Sol, los rayos solares se propagan a través del espacio en forma de ondas electromagnéticas de energía. Este fenómeno físico, más conocido como radiación solar, es el responsable de que nuestro planeta reciba un aporte energético continuo de aproximadamente 1.367 W/m^2. Un valor que recibe el nombre de constante solar y que, al cabo de un año, equivaldría a 20 veces la energía almacenada en todas las reservas de combustible. En el interior del Sol se queman cada segundo unos 700

millones de combustibles fósiles del mundo (petróleo, carbón.), toneladas de hidrógeno. Sin embargo, no toda la radiación que llega hasta la Tierra sobrepasa las capas altas de la atmósfera. Debido a los procesos que sufren los rayos solares cuando entran en contacto con los diferentes gases que componen la atmósfera, una tercera parte de la energía solar interceptada por la Tierra vuelve al espacio exterior, mientras que las dos terceras partes restantes penetran hasta la superficie terrestre. Este hecho se debe a que las proporciones de vapor de agua, metano, ozono y dióxido de carbono (CO^2) actúan como una barrera protectora. Una capa de protección que, entre otras cosas, permite que no se produzcan cambios de temperatura demasiado extremos en la superficie terrestre, así como que exista agua líquida desde hace miles de millones de años. A la pérdida de aporte energético que se produce en las capas superiores de la atmósfera hay que añadir otras variables que influyen en la cantidad de radiación solar que llega hasta un punto determinado del planeta.

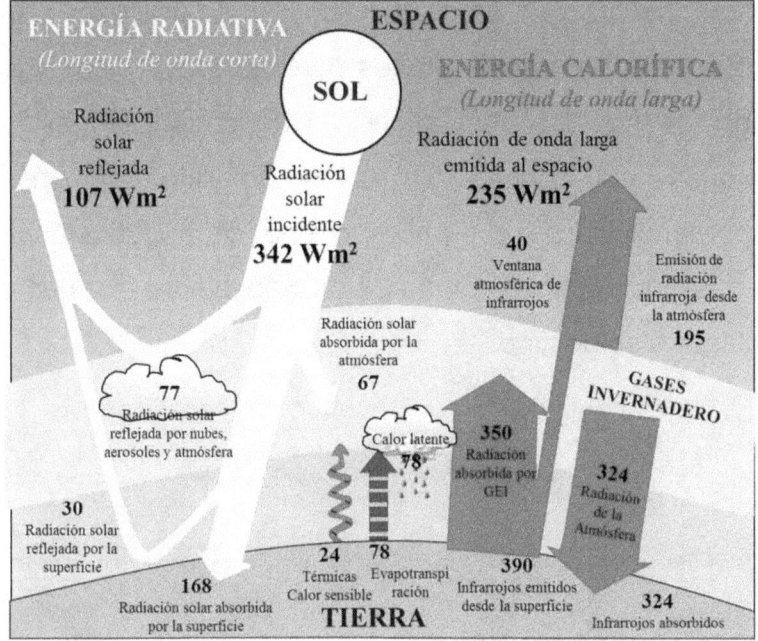

Como es de imaginar, no todas las superficies reciben la misma cantidad de energía. Así, mientras los polos son los que menor radiación reciben, los trópicos son los que están expuestos a una mayor radiación de los rayos solares. Esto tiene su explicación en el grado de inclinación de nuestro planeta con respecto al Sol (23,5°). La intensidad de radiación no será igual cuando los rayos solares estén perpendicular es a la superficie irradiada que cuando el ángulo de incidencia sea más oblicuo, tal y como ocurre en los polos. La declinación del Sol, pues, es la razón de que

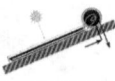

los mayores valores de radiación no se produzcan en el ecuador sino en latitudes por encima y por debajo de los trópicos de Cáncer y Capricornio. En estas zonas es donde los rayos solares son más perpendiculares y atraviesan una capa atmosférica más Equinoccio de otoño 21 de Septiembre fina hasta llegar a su destino.

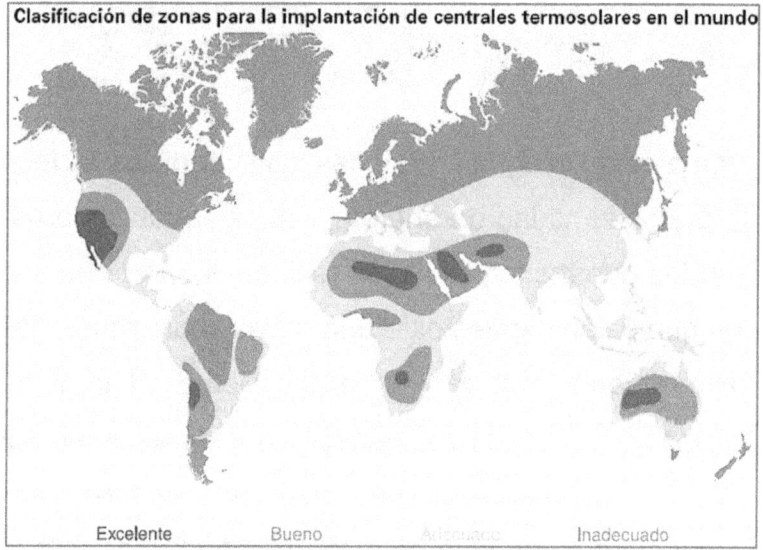

Radiación mundial. Zonas desde óptimas a inadecuadas

Funcionamiento de una instalación solar

El principio elemental en el que se fundamenta cualquier instalación solar térmica es el de aprovechar la energía del Sol mediante un conjunto de captador es y transferirla a un sistema de almacenamiento, que abastece el consumo cuando sea necesario. Este mecanismo tan sencillo al mismo tiempo que eficaz, resulta muy útil en múltiples aplicaciones, tanto en el ámbito doméstico como en el industrial. Baste con señalar algunas de ellas como el agua caliente para uso doméstico, el aporte de energía para instalaciones de calefacción, el calentamiento de agua para piscinas, o el precalentamiento de fluidos en distintos procesos industriales, para darnos cuenta del beneficio de esta energía para la humanidad. Así, la posibilidad de captar la energía del Sol desde el lugar que se necesita, junto con la capacidad de poder almacenarla durante el tiempo suficiente para disponer de ella cuando haga falta, es lo que hace que esta tecnología sea tan ampliamente aceptada en muchas partes del mundo. No en vano, la única contribución del hombre para aprovechar esta fuente

de energía es canalizar y retrasar el proceso natural que ocurre a cada instante en la superficie terrestre, por el que la radiación solar se convierte en energía térmica. El procedimiento actual que se lleva a cabo en cualquier instalación solar consiste en absorber la energía térmica contenida en los rayos solares. Una vez que el fluido que circula en el interior del captador se calienta, hay que evitar su enfriamiento a través de un aislamiento térmico lo más eficaz posible. Por ejemplo, si el fluido de trabajo es el air e, se le puede hacer circular entre piedras que se calientan y son capaces de devolver este calor al aire frío. También se puede, y es el caso más habitual, mantener el calor de una masa de agua por medio de un tanque de almacenamiento bien aislado.

En las instalaciones de circuito cerrado se distinguen dos sistemas: flujo por termosifón y flujo forzado
Los paneles solares térmicos tienen un muy bajo impacto ambiental. La energía solar térmica puede utilizarse para dar apoyo al sistema convencional de calefacción (caldera de gas o eléctrica), apoyo que consiste entre el 10 % y el 20 % de la demanda

energética de la calefacción. Para ello, la instalación o caldera ha de contar con intercambiador de placas (funciona de forma similar al baño María, ya que el circuito de la caldera es cerrado) y un regulador (que dé prioridad en el uso del agua caliente para ser empleada en agua de manos). Una instalación Solar Térmica está formada por captadores solares, un circuito primario y secundario, intercambiador de calor, acumulador, vaso de expansión y tuberías. Si el sistema funciona por termosifón será la diferencia de densidad por cambio de temperatura la que moverá el líquido.

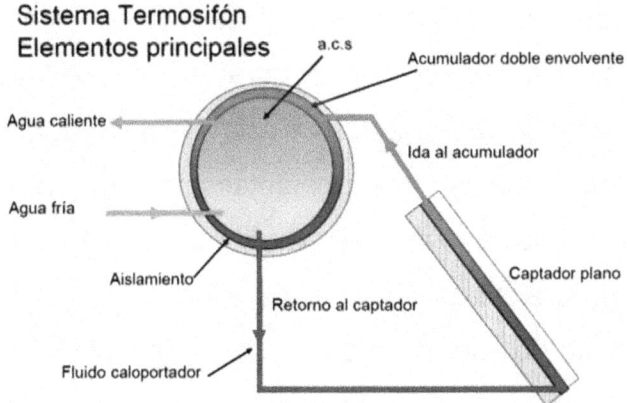

Si el sistema es forzado entonces necesitaremos además: bombas y un panel de control principal. Los

captadores solares son los elementos que capturan la radiación solar y la convierten en energía térmica, en calor. Como captadores solares se conocen los de placa plana, los de tubos de vacío y los captadores absorbedores sin protección ni aislamiento. Los sistemas de captación planes (o de placa plana) con cubierta de vidrio son los comunes mayoritariamente en la producción de agua caliente sanitaria ACS. El vidrio deja pasar los rayos del Sol, estos calientan unos tubos metálicos que transmiten el calor al líquido de dentro. Los tubos son de color oscuro, ya que las superficies oscuras calientan más. El vidrio que cubre el captador no solo protege la instalación sino que también permite conservar el calor produciendo un efecto invernadero que mejora el rendimiento del captador. Están formados de una carcasa de aluminio cerrada y resistente a ambientes marinos, un marco de aluminio eloxat, una junta perimetral libre de siliconas, aislante térmico respetuoso con el medio ambiente de lana de roca, cubierta de vidrio solar de alta transparencia, y finalmente por tubos soldados ultrasónicos.

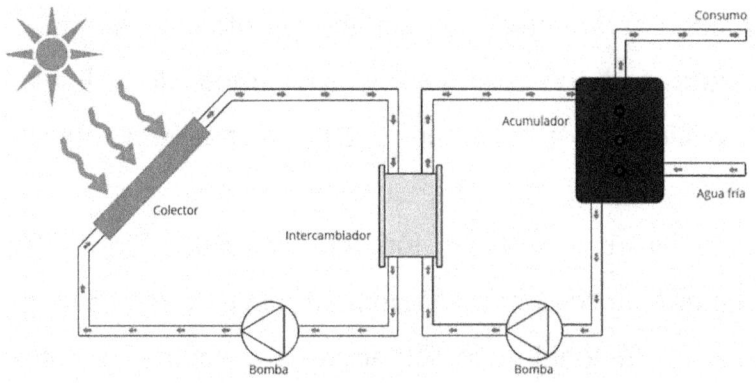

Sistema forzado

Los colectores solares se componen de los siguientes elementos:

Cubierta: Es transparente, puede estar presente o no. Generalmente es de vidrio aunque también se utilizan de plástico ya que es menos caro y manejable, pero debe ser un plástico especial. Su función es minimizar las pérdidas por convección y radiación y por eso debe tener una transmitancia solar lo más alta posible.

Canal de aire: Es un espacio (vacío o no) que separa la cubierta de la placa absorbente. Su espesor se calculará teniendo en cuenta para equilibrar las pérdidas por convección y las altas temperaturas que se pueden producir si es demasiado estrecho.

Placa absorbente: La placa absorbente es el elemento que absorbe la energía solar y la transmite al líquido que circula por las tuberías. La principal característica de la placa es que tiene que tener una gran absorción solar y una emisión térmica reducida. Como los materiales comunes no cumplen con este requisito, se utilizan materiales combinados para obtener la mejor relación absorción / emisión.

Capa aislante: La finalidad de la capa aislante es recubrir el sistema para evitar y minimizar pérdidas. Para que el aislamiento sea el mejor posible, el material aislante deberá tener una baja conductividad térmica.

Detalle captador o placa solar térmica

Tubos o conductos: Los tubos están tocando (a veces soldadas) la placa absorbente para que el intercambio de energía sea lo más grande posible. Por los tubos circula el líquido que se calentará e irá hacia el tanque de acumulación. El alma del sistema es una verja vertical de tubos metálicos, para simplificar, que conducen el agua fría en paralelo, conectados por abajo por un tubo horizontal en la toma de agua fría y por arriba por otro similar al retorno.

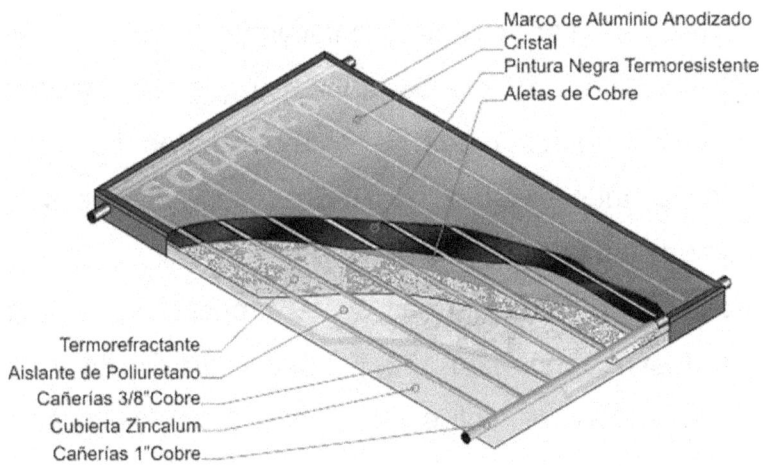

Corte de Panel. Vista de Tubos

La parrilla viene encajada en una cubierta, como la descrita más arriba, normalmente con doble vidrio para arriba y aislante por detrás. En algunos modelos,

los tubos verticales están soldados a una placa metálica para aprovechar la insolación entre tubo y tubo.

Panel solar de tubos de vacío

En este sistema los tubos metálicos del sistema precedente se sustituyen por tubos de vidrio, introducidos, de uno en uno, en otro tubo de vidrio entre los que se hace el vacío como aislamiento. Las grandes ventajas que presentan estos tipos de captadores son su alto rendimiento (196 % más eficientes que las placas planas) y que, en caso de que uno de los tubos se estropeara, no hay que cambiar todo el panel por uno nuevo, sino que solo hay que cambiar el tubo afectado.

Además son más baratos en su fabricación, ya que los nuevos tubos son 100 % cristal borosilicato y no utilizan tubo de cobre, lo que reduce los costes anteriormente mencionados.

Este sistema aprovecha el cambio de fase de vapor a líquido dentro de cada tubo, para entregar energía a un segundo circuito de líquido de transporte.

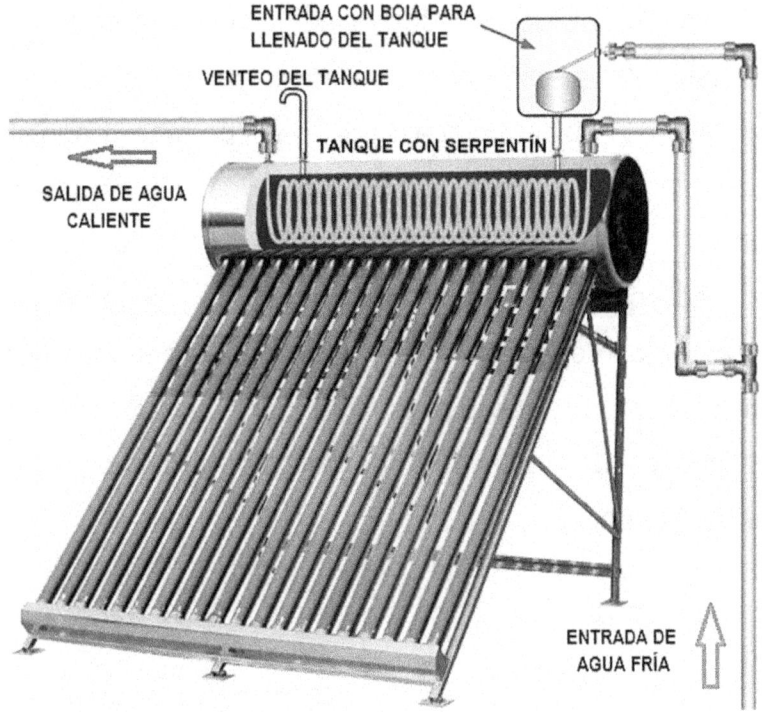

Sistema con tubos de vacío

Los elementos son tubos cerrados, normalmente de cobre, que contienen el líquido que, al calentarse por el sol, hierve y se convierte en vapor que sube a la parte superior donde hay un cabezal más ancho (zona de condensación), que en la parte exterior está en contacto con el líquido transportador, el cual siendo más frío que el vapor del tubo, capta el calor y provoca que el vapor se condense y caiga en la parte baja del tubo para volver a empezar el ciclo.

El líquido del tubo puede ser agua, a la que se le ha reducido la presión hasta un vacío parcial, tendrá un punto de ebullición bajo, lo que permite trabajar incluso con la insolación de los rayos infrarrojos en caso de presencia de nubes. El tubo de calor (o tubo de cobre) se puede envolver con una chaqueta de materiales especiales para minimizar las pérdidas por irradiación. El tubo de calor se cierra dentro de otro tubo de vidrio entre los que se hace el vacío como aislamiento.

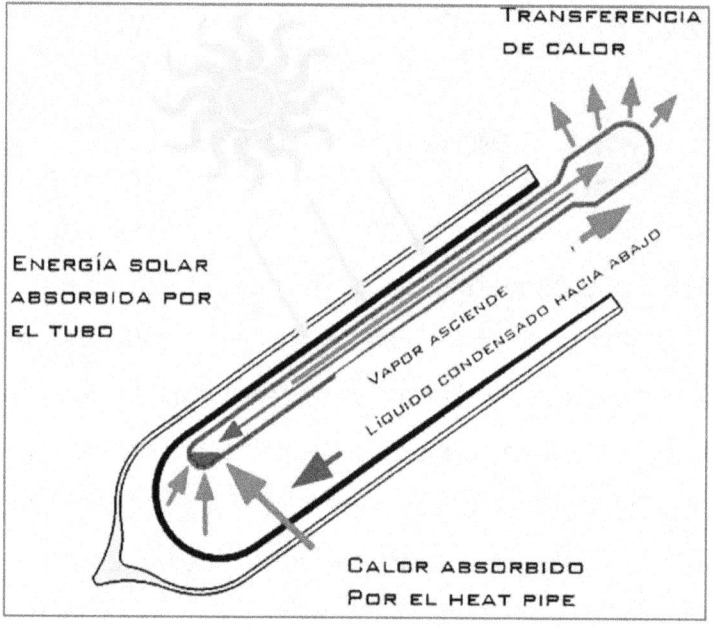

Detalle funcionamiento interior del tubo de vacío

Se suelen emplear tubos de vidrio resistente, para reducir los daños en caso de pequeñas granizadas. Son hasta un 163 % más eficientes que las placas planas con serpentín e igualmente más baratos en su fabricación con respecto a las placas planas, pues el precio del cristal es más bajo que el cobre del serpentín que contiene la placa plana.

Circuito primario

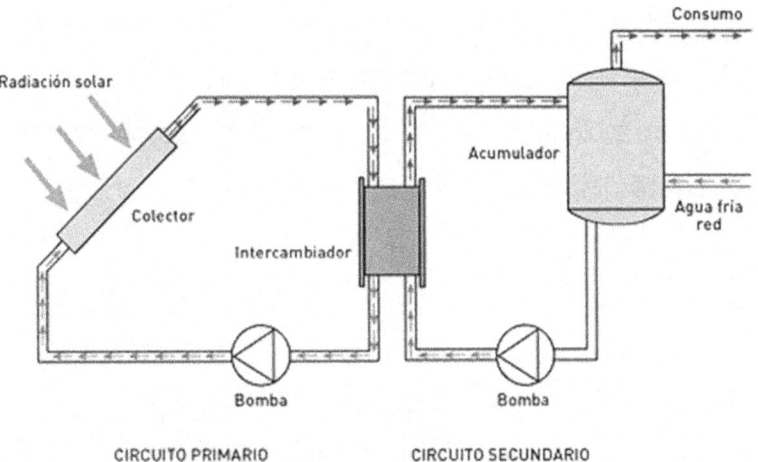

El circuito primario, es circuito cerrado, transporta el calor desde el captador hasta el acumulador (sistema que almacena calor). El líquido calentado (agua o una mezcla de sustancias que puedan transportar el calor) lleva el calor hasta el acumulador. Una vez enfriado,

vuelve al colector para volver a calentar, y así sucesivamente.

Intercambiador de calor

El intercambiador de calor calienta el agua de consumo a través del calor captado de la radiación solar. Se sitúa en el circuito primario, en su extremo. Tiene forma de serpentín, ya que así se consigue aumentar la superficie de contacto y por lo tanto, la eficiencia. El agua que entra en el acumulador, siempre que esté más fría que el serpentín, se calentará. Esta agua, calentada en horas de sol, nos quedará disponible para el consumo posterior.

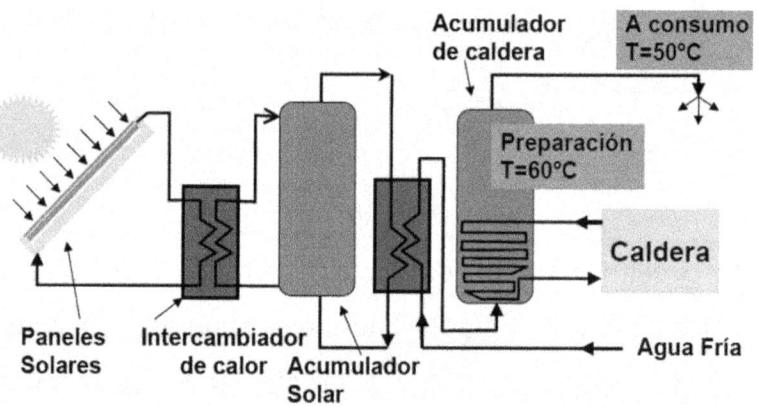

Detalle ubicación del intercambiador de calor

Se introduce en la instalación solar cuando se requiere tener dos circuitos independientes. De esta manera se pueden evitar riesgos de heladas, añadiendo anticongelante al fluido del primario. El principal inconveniente son las pérdidas que acarrean por rendimiento. Otras trabas a su uso son el aumento de coste del sistema y el cumplimiento de reglamentación adicional debido a que el agua del primario no es potable. El rendimiento del intercambiador (relación entre la energía obtenida y la energía introducida) será mayor del 95%.

Los intercambiadores de calor interiores pueden ser:
> -*De serpentín*: Espiral en la parte baja del acumulador.
> -*Doble envolvente*: El circuito primario envuelve al circuito secundario habiendo mucha superficie de contacto.

Los intercambiadores de calor exterior pueden ser:
> -Haz tubular.
> -Placas de acero inoxidable.

Acumulador

El acumulador es un depósito donde se acumula el agua calentada útil para el consumo. Tiene una entrada para el agua fría y una salida para la caliente. La fría entra por debajo del acumulador donde se encuentra con el intercambiador, a medida que se calienta se desplaza hacia arriba, que es desde donde saldrá el agua caliente para el consumo. Internamente dispone de un sistema para evitar el efecto corrosivo del agua caliente almacenada sobre los materiales. Por fuera tiene una capa de material aislante que evita pérdidas de calor y está cubierto por un material que protege el aislamiento de posibles humedades y golpes. Normalmente las horas en que se produce la demanda de agua caliente sanitaria por parte del usuario no coinciden con las horas de insolación. Tampoco todo el tiempo en que podemos estar captando la energía solar se está consumiendo agua caliente. Es preciso pues, disponer de algún elemento que almacene energía solar, de tal forma que acumulando la que se produce en las horas en que no hay consumo de agua caliente, pueda suministrar la que se demanda en las horas punta. El acumulador

adapta la demanda de energía a la disponibilidad solar.

Características: Debe tener una alta capacidad calorífica, un volumen reducido, responder rápido a la demanda, integrarse bien en el edificio, bajo coste, seguro y de larga duración. Se construyen en acero, acero inoxidable, aluminio, de fibra de vidrio reforzado y plásticos.

Estratificación: Separa el agua de consumo, del agua a calentar por los colectores. Se produce por la diferente densidad entre agua caliente y agua fría.

Dimensionamiento del acumulador: El volumen del acumulador está indicado por normativa y relaciona los consumos, el volumen y el área colectora.

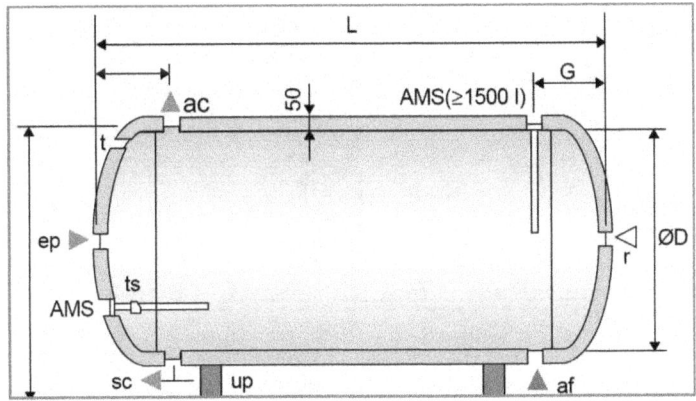

Corte de un acumulador

Circuito secundario

El circuito secundario o de consumo, (circuito abierto), entra agua fría de suministro y por el otro extremo del agua calentada se consume (ducha, lavabo). El agua fría pasa por el acumulador primeramente, donde calienta el agua hasta llegar a una cierta temperatura. Las tuberías de agua caliente del exterior, deben estar cubiertas por aislantes. Si nuestro consumo incluye calefacción, el sistema emisor de calor (radiadores (60 °C), fan-coil (45 °C), suelo radiante (30 °C), zócalo radiante, muro radiante, que es más conveniente utilizar es el de baja temperatura (<=50 °C), de esta manera el sistema solar de calefacción tiene mayor rendimiento.

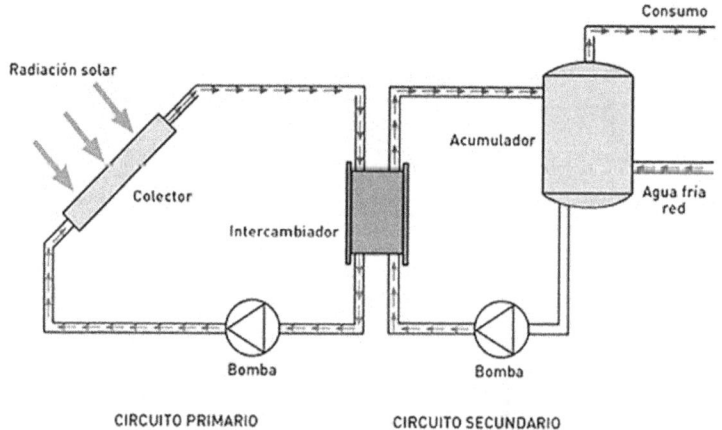

Detalle de ubicación del Acumulador y Circuito secundario

Bombas

Las bombas, en caso de que la instalación sea de circulación forzada, son de tipo recirculación (suele haber dos por circuito), trabajando una la mitad del día, y la pareja, la mitad del tiempo restante. La instalación consta de los relojes que llevan el funcionamiento del sistema, hacen el intercambio de las bombas, para que una trabaje las 12 horas primeras y la otra las 12 horas restantes. Si hay dos bombas en funcionamiento, está la ventaja que en caso de que una deje de funcionar, está la sustituta, de modo que así no se puede parar el proceso ante el fallo de una de estas. El otro motivo a considerar, es que gracias a este intercambio la bomba no sufre tanto, sino que se la deja descansar, enfriar, y cuando vuelve a estar en buen estado (después de las 12 horas) se vuelve a poner en marcha. Esto ocasiona que las bombas puedan alargar durante más el tiempo de funcionamiento sin tener que hacer ningún tipo de mantenimiento previo.

En total y tal como se define anteriormente, suele haber 4 bombas, dos en cada circuito. Dos en el circuito primario que bombean el agua de los

colectores y las otras dos en el circuito secundario que bombean el agua de los acumuladores, en el caso de una instalación de tipo circulación forzada.

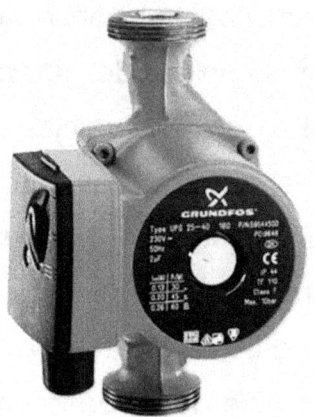

Bomba

Facilitan el transporte del fluido caloportador desde los colectores hasta el almacenamiento y luego al consumo. Accionados por un motor eléctrico que suministran al fluido la energía necesaria para transportarlo por el circuito a una determinada presión.

Hay tres tipos de electrocirculadores centrífugos:

-Rotor sumergido: Son silenciosos, requieren un bajo mantenimiento y se montan en línea con la tubería y el eje horizontal.

-Monobloc: Con el eje en cualquier posición.

-Acoplamiento motor. Electrocirculador de ejes distintos. Son ruidosos.

El comportamiento del electrocirculador se representa:

$$P = C \times \Delta p$$

P es la potencia necesaria, (W).

C es el caudal (l/seg.) entre dos puntos de una tubería con diferencia de presión Δp (m.c.d.a.) (N/m^2).

Lo que quiere decir que la potencia de la bomba está en función de la pérdida de carga y del caudal.

Asociación: Al asociar dos electrobombas en serie se aumenta mucho la altura manométrica y poco el caudal, mientras que si se asocian en paralelo aumenta mucho el caudal y poco la presión. La bomba tiene que contrarrestar la pérdida de carga solo en el circuito más desfavorable, sin embargo si el circuito está equilibrado, será elegido uno al azar.

El caudal siempre está relacionado con la superficie colectora, la normativa nos indica que tiene que tener un caudal de aproximadamente 50 l/h.m^2.

Elementos asociados al electrocirculador

El circuito va precedido de un filtro para evitar que entren impurezas de las soldaduras y del resto de la instalación en la bomba.

También lleva una válvula antirretorno para evitar retrocesos del fluido caloportador desde el colector a la bomba.

Vaso de expansión

El vaso de expansión absorbe variaciones de volumen del fluido caloportador, el cual circula por los conductos del captador, manteniendo la presión adecuada y evitando pérdidas de la masa del fluido.

Es un recipiente con una cámara de gas separada de la de líquidos y con una presión inicial en función de la altura de la instalación.

Lo que más se utiliza es con vaso de expansión cerrado con membrana, sin transferencia de masa en el exterior del circuito.

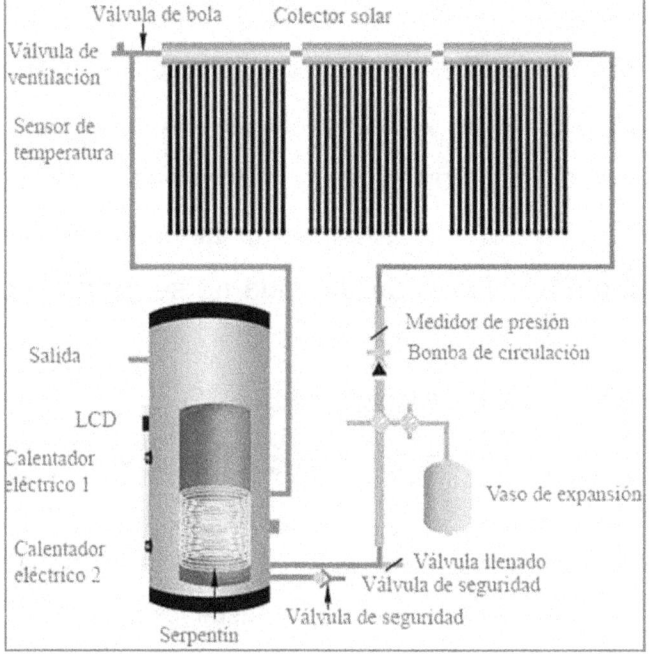

Detalle ubicación Bomba y Vaso de expansión

Absorbe las dilataciones del agua en las instalaciones de agua caliente sanitaria. Cuando crece la presión en la instalación debido a la dilatación del fluido caloportador (aumento de temperatura), el fluido sobrante entra en el vaso y empuja la membrana. El gas se comprime, evitando variaciones de presión.

El gas que contiene debería ser nitrógeno debido a que el oxígeno oxida la membrana y la estropea. Siempre debería contener un mínimo de fluido para

evitar que la membrana se corroa. El gas nunca debe quedar por encima del fluido porque se formarían bolsas de aire y además de provocar el mal funcionamiento corroe a la membrana. Hay varios tipos de vaso de expansión, algunos no tienen membrana, y tienen un gas que no se mezcla con el agua.

Cálculo del vaso de expansión:

VVC = VI x CEXP x CP

VVC = Volumen del vaso de expansión cerrado (litros).
VI = Volumen del agua de la instalación. (m³) (litros).
CEXP = Coeficiente de expansión debido a la temperatura máxima de funcionamiento.
CP = Coeficiente de presión. CP =P_{max} – P_{min}.
VI es el Volumen tuberías + Volumen colectores + volumen intercambiador.

El volumen del colector y del intercambiador lo facilita el fabricante, mientras que para calcular el volumen de las tuberías se consiguen por unas tablas que tiene la norma UNE dependiendo del diámetro, espesor, caudal.

Tuberías

Las tuberías de la instalación se encuentran recubiertas de un aislante térmico para evitar pérdidas de calor con el entorno. Antiguamente se utilizaban tuberías de cobre. Luego se utilizó tubos PEX-AL-PEX, consistentes en tres capas plástico-aluminio-plástico, mucho más baratos y con mayor vida útil que la tubería de cobre tradicional. Al pasar los años de uso del equipo y por la acumulación de radiación solar, se encontró que el PEX se cristalizaba destruyéndose por presión.

Tubos de Cobre y Acero con aislante térmico

Actualmente, se utiliza para circuito cerrado cañerías de acero inoxidable BPDN aislada con espuma elastomérica y rodeada de una mica de EPDM que da aislamiento térmico y proporciona durabilidad al

proteger contra la radiación, y fallas por ruptura de uniones y soldaduras.

Panel de control

Se dispone también de un panel principal de control en la instalación, donde se muestran las temperaturas en cada instante (un regulador térmico), de manera que pueda controlarse el funcionamiento del sistema en cualquier momento.

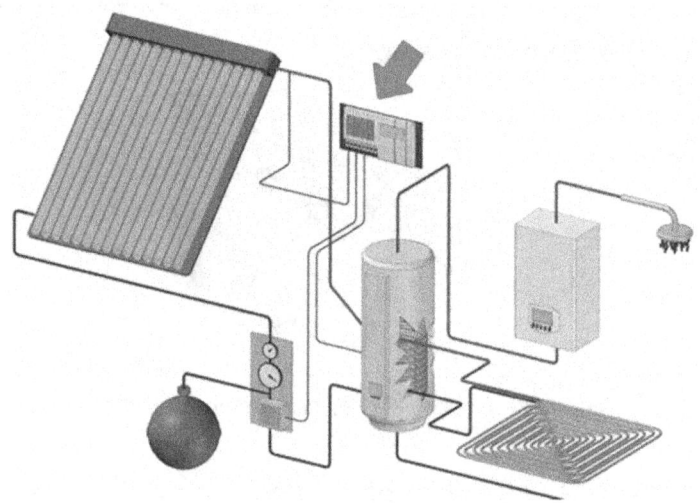

Detalle ubicación del Panel de control

Aparecen también los relojes encargados del intercambio de bombas. Durante el verano, se pueden

cubrir las placas, a fin de evitar que se estropeen por las altas temperaturas o bien se pueden utilizar para producir frío solar (aire acondicionado frío).

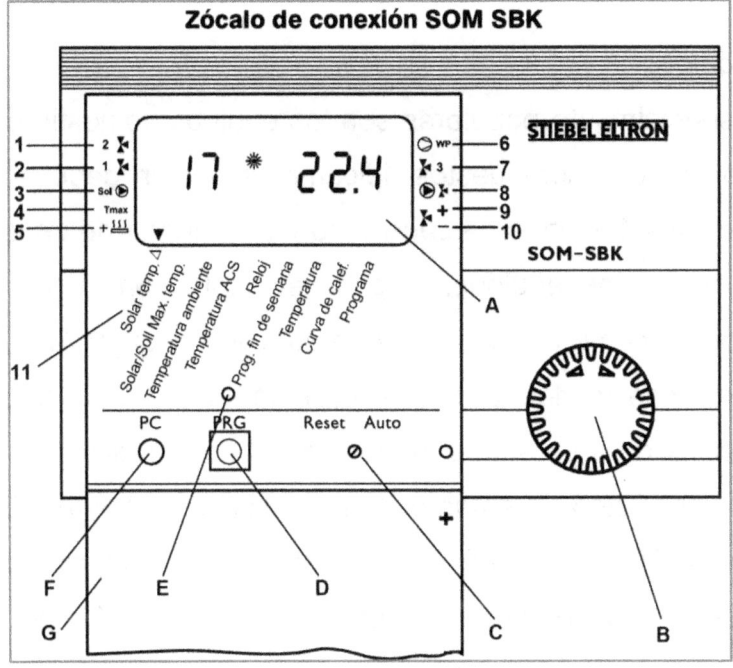

Indicadores de estado de la instalación
A Display
B Botón de manejo
C Selector Reset / Auto
D Tecla de programación
E Piloto de control de la programación
F Interfaz óptica RS 232
G Tapa de manejo (abierta)
1. Válvula de conmutación 2 abierta
2. Válvula de conmutación 1 abierta
3. Bomba de circulación del circuito solar
4. T.max para la desconexión

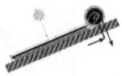

5. 2° generador de calor
6. Funcionamiento con bomba de calor
7. Válvula de conmutación 3 abierta
8. Bomba de circulación circuito mezclador
9. Válvula de 3 vías "abierta"
10. Válvula de 3 vías "cerrada"
11. Parámetros de la instalación

Equipos

Especialmente populares son los equipos domésticos compactos, compuestos típicamente por un depósito de unos 150 litros de capacidad y un colector de unos 2 m². Estos equipos, disponibles tanto con circuito abierto como cerrado, pueden suministrar el 90 % de las necesidades de agua caliente anual para una familia de 4 personas, dependiendo de la radiación y el uso. Estos sistemas evitan la emisión de hasta 4,5 toneladas de gases nocivos para la atmósfera. El tiempo aproximado de retorno energético (tiempo necesario para ahorrar la energía empleada en fabricar el aparato) es de un año y medio aproximadamente. La vida útil de algunos equipos puede superar los 25 años con un mantenimiento mínimo, dependiendo de factores como la calidad del agua.

Calefón solar termosifónico compacto de Agua Caliente Sanitaria.

Estos equipos pueden distinguirse entre:

-Equipos de Circulación forzada: Compuesto básicamente de captadores, un acumulador solar, un grupo hidráulico, una regulación y un vaso de expansión.

-Equipos por Termosifón: Cuya mayor característica es que el acumulador se sitúa en la cubierta, encima del captador.

-Equipos con Sistema Drain-Back: Un sistema compacto y seguro, muy apropiado para viviendas unifamiliares.

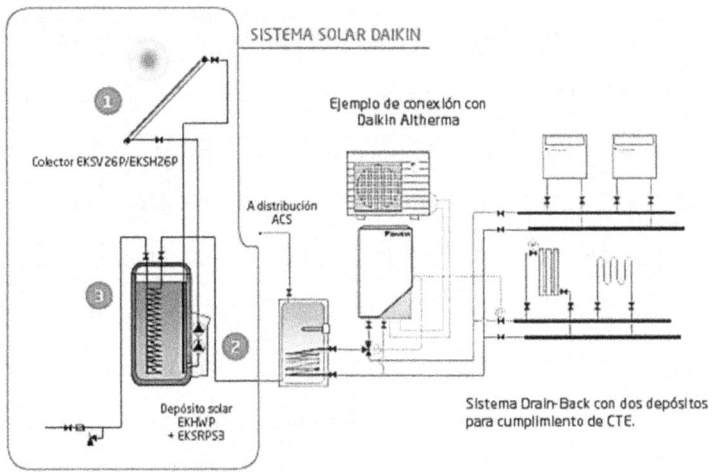

Sistema Drain-Back

Es habitual encontrarse con instalaciones en las que el acumulador contiene una resistencia eléctrica de apoyo, que actúa en caso de que el sistema no sea capaz de alcanzar la temperatura de uso (normalmente 40 °C); en España esta opción ha quedado prohibida tras la aprobación del CTE (Código Técnico de la Edificación) ya que el calor de la resistencia puede, si el panel está más frío que el acumulador integrado, calentar el panel y perder calor, y por lo tanto energía, a través de él. En algunos países se comercializan equipos que utilizan el gas como apoyo. Las características constructivas de los colectores responden a la minimización de las pérdidas de energía una vez calentado el fluido que transcurre por los tubos, por lo que se encuentran aislamientos a la conducción (vacío u otros) y a la radiación de baja temperatura. Además de su uso como agua caliente sanitaria, calefacción y refrigeración (mediante máquina de absorción), el uso de placas solares térmicas (generalmente de materiales baratos como el polipropileno) ha proliferado para el calentamiento de piscinas exteriores residenciales, en países donde la

legislación impide el uso de energías de otro tipo para este fin.

Amortización

En muchos países hay subvenciones para el uso doméstico de energía solar, en cuyos casos una instalación doméstica puede amortizarse en unos 5 o 6 años. El Código Técnico de la Edificación, que establece la obligatoriedad de implantar sistemas de agua caliente sanitaria (ACS) con energía solar en todas las nuevas edificaciones, con el objetivo de cumplir con el protocolo de Kioto.

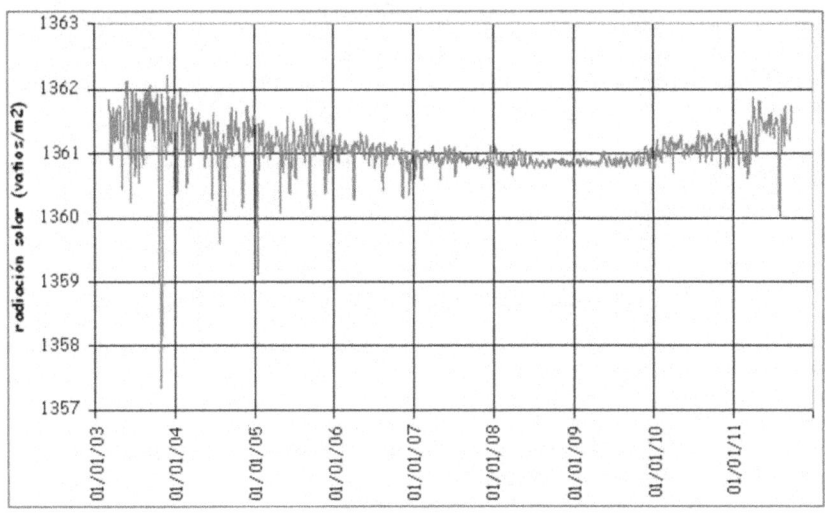

Radiación solar del Planeta

Tipología

Colectores de baja temperatura

El colector solar plano es el aparato más representativo de la tecnología solar fototérmica. Su principal aplicación es en el calentamiento de agua para baño y albercas, aunque también se utiliza para secar productos agropecuarios mediante el calentamiento de aire y para destilar agua en comunidades rurales principalmente.

Está constituido básicamente por:

- Marco de aluminio anodizado.

- Cubierta de vidrio templado, bajo contenido en hierro.

- Placa absorbedora. Enrejado con aletas de cobre.

- Cabezales de alimentación y descarga de agua.

- Aislante, usualmente poliestireno, o unicel.

- Caja del colector, galvanizada.

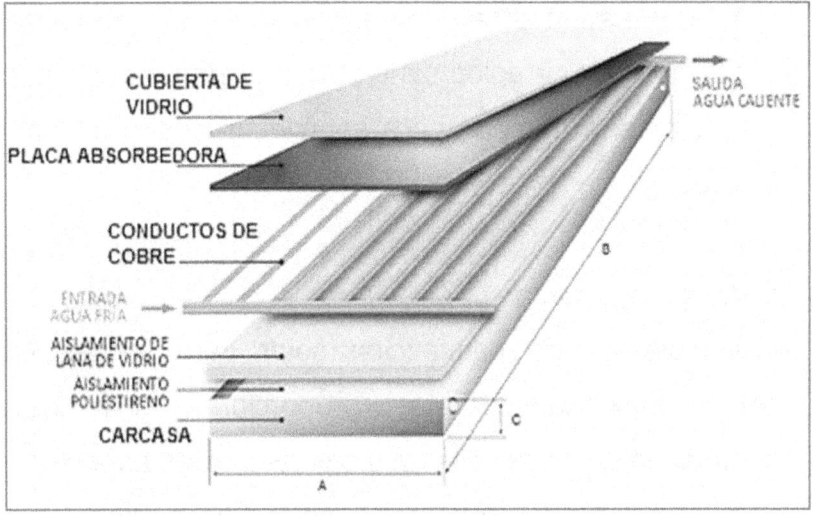

Para la mayoría de los colectores solares se tienen dimensiones características. En términos generales la unidad básica consiste de un colector plano de 1,8 a 2,1 m² de superficie, conectado a un termotanque de almacenamiento de 150 a 200 litros de capacidad; a este sistema frecuentemente se le añaden algunos dispositivos termostáticos de control a fin de evitar congelamientos y pérdidas de calor durante la noche. Las unidades domésticas funcionan mediante el mecanismo de termosifón, es decir, mediante la circulación que se establece en el sistema debido a la diferencia de temperatura de las capas de líquido

estratificadas en el tanque de almacenamiento. Para instalaciones industriales se emplean varios módulos conectados en arreglos serie-paralelo, según el caso, y se emplean bombas para establecer la circulación forzada.

Calor para procesos

Los sistemas de calefacción solar para procesos están diseñados para proporcionar grandes cantidades de agua caliente o calefacción de espacios para edificios de uso no residencial. Las piscinas de evaporación son piscinas de baja profundidad que concentran sólidos disueltos a través de la evaporación. El uso de piscinas de evaporación para obtener sal del agua salada es una de las aplicaciones más antiguas de la energía solar. Los usos modernos incluyen la concentración de soluciones de salmueras usadas en la minería por lixiviación y la remoción de sólidos disueltos de los flujos de desechos. En conjunto, las piscinas de evaporación representan una de las aplicaciones comerciales más grandes de la energía solar actualmente en uso. Los colectores transpirados sin

vidrios (en inglés: Unglazed Transpired Collectors, UTC) son muros perforados que enfrentan al sol usados para precalentar el aire de ventilación. Los UTC pueden aumentar la temperatura del aire hasta 22 °C y son capaces de entregar temperaturas de salida entre 45-60 °C. El corto período de amortización de los colectores transpirados (entre 3 a 12 años) los hacen una alternativa más costo-efectiva que los sistemas de recolección vidriados. Al año 2009, se han instalado mundialmente sobre 1500 sistemas con un área de colectores total de 300 000 m². Ejemplos típicos incluyen un colector de 860 m² en Costa Rica usado para secar granos de café y un colector de 1300 m² en Coimbatore, India usado para secar caléndulas. Una instalación de procesamiento de comida ubicada en Modesto, California usa cilindros parabólicos para producir vapor en el proceso de fabricación. Se espera que el área de colectores de 5000 m² proporcione 15 TJ por año.

Colectores de temperatura media

Las instalaciones de temperatura media pueden usar varios diseños, los diseños más comunes son: glicol a

presión, drenaje trasero, sistemas de lote y sistemas más nuevos de baja presión tolerantes al congelamiento que usan tuberías de polímero que contienen agua con bombeo fotovoltaico. Los estándares europeos e internacionales están siendo revisados para incluir las innovaciones en diseño y la operación de colectores de temperatura media. Las innovaciones operacionales incluyen la operación de "colectores permanentemente húmedos". Esta técnica reduce o incluso elimina la ocurrencia de tensiones de no flujo de alta temperatura conocidas como estancamiento, las que reducen la vida esperada de estos colectores.

Secado solar

Secador solar industrial indirecto

La energía térmica solar puede ser útil para el secado de madera para la construcción y de madera para combustible tales como chips de madera para la combustión. También es usada para secar alimentos tales como frutas, granos y pescados. El secado de cultivos por medio de la energía solar térmica es ambientalmente amigable así como económica

mientras que mejora la calidad del resultado. Las tecnologías en secado solar son variadas. Los más simples utilizan una malla tendida al sol, mientras que los de tipo industrial utilizan colectores de aire vidriados que conducen el aire caliente a una cámara de secado.

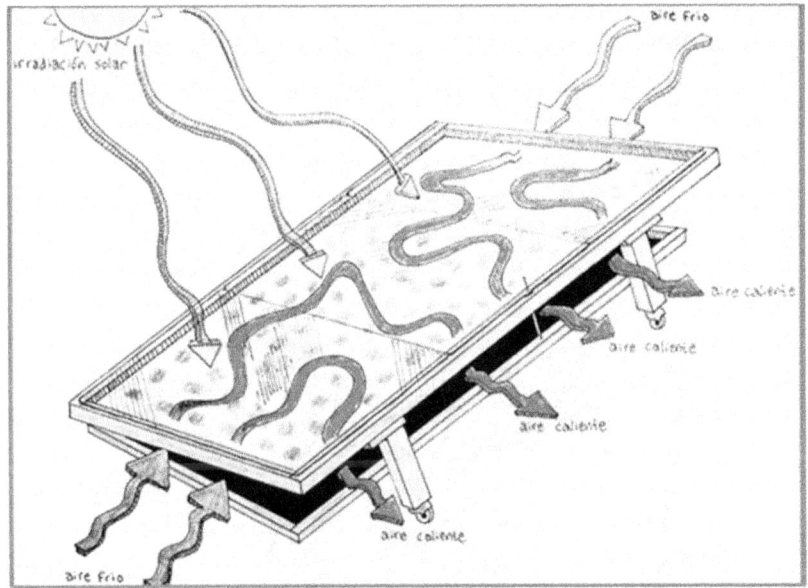

Secador solar de frutas

La energía térmica solar también es útil en el proceso de secado de productos tales como chips de madera y otras formas de biomasa elevando la temperatura

mientras que permiten que el aire pase a través de ella y saquen la humedad.

Cocción mediante energía solar térmica

El tazón solar sobre la cocina solar en Auroville, India concentra la luz del sol en un receptor móvil para producir vapor que será usado en tareas de cocción de alimentos. Las cocinas solares usan la luz del sol para cocinar, secar y pasteurización.

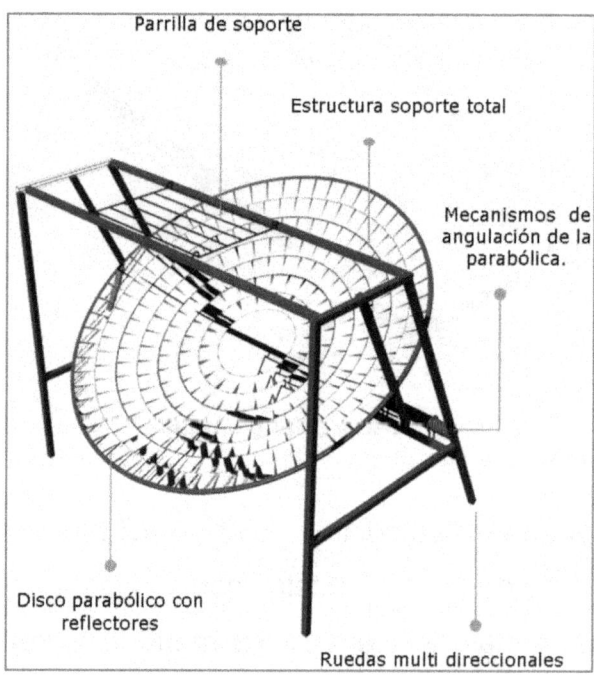

Partes de una Cocina Solar

La cocina solar reduce el consumo de combustible, ya sea combustibles fósiles o leña, y mejora la calidad del aire reduciendo o removiendo la fuente de humo. La forma más simple de cocina solar es la caja de cocción que fue construida por primera vez por Horace-Bénédict de Saussure en el año 1767. Una caja de cocción básica consiste de un contenedor aislado con una tapa transparente. Estas cocinas pueden ser usadas efectivamente con cielos parcialmente cubiertos y normalmente alcanzan temperaturas de entre 50-100 °C. Las cocinas solares de concentración usan reflectores para concentrar la energía solar en un contenedor de cocción. Las geometrías de reflector más comunes son las placas planas, de disco y cilíndrico-parabólicas. Estos diseños cocinan más rápido y a temperaturas más altas (hasta los 350 °C) pero requieren de luz solar directa para funcionar en forma adecuada. La Cocina Solar en Auroville, India usa una tecnología de concentración única conocida como el tazón solar. Al contrario de los sistemas de convencionales de receptores fijos o de reflectores de seguimiento, el tazón solar usa un reflector esférico fijo con un

receptor que sigue el foco de luz a medida de que el sol cruza el cielo. El receptor del tazón solar alcanza temperaturas de 150 °C que es usado para producir vapor que ayuda a la cocción de 2000 raciones diarias. Muchas otras cocinas solares en India usan otra tecnología de concentración única conocida como el reflector Scheffler. Está tecnología fue desarrollada por primera vez por Wolfgang Scheffler en el año 1986. Un reflector Scheffler es un disco parabólico que usa un solo eje de seguimiento para perseguir el curso diario del sol. Estos reflectores tienen una superficie reflectante flexible que es capaz de cambiar su curvatura para ajustarse a las variaciones estacionales en el ángulo de incidencia de la luz solar.

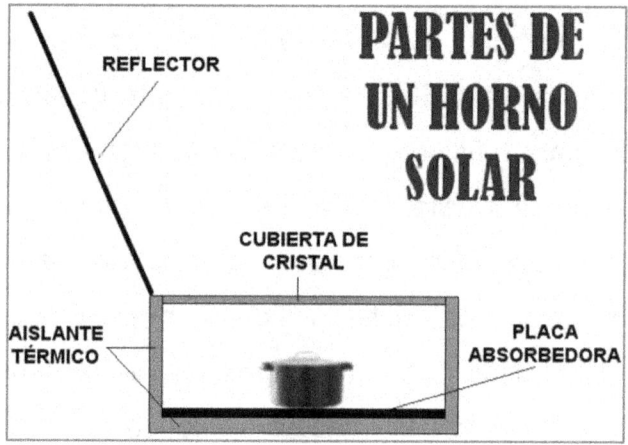

Los reflectores Scheffler tienen la ventaja de tener un punto focal fijo lo que mejora la facilidad de cocción y son capaces de alcanzar temperaturas de entre 450 a 650 °C. En el año 1999 en Abu Road, Rajasthan, India se construyó el sistema de reflectores Scheffler más grande del mundo, este es capaz de cocinar hasta 35000 raciones diarias. A principios del año 2008 han sido fabricadas sobre 2000 grandes cocinas, que usan el diseño Scheffler, a nivel mundial.

Destilación

Los destiladores solares pueden ser usados para procesar agua potable en áreas donde el agua limpia no es común.

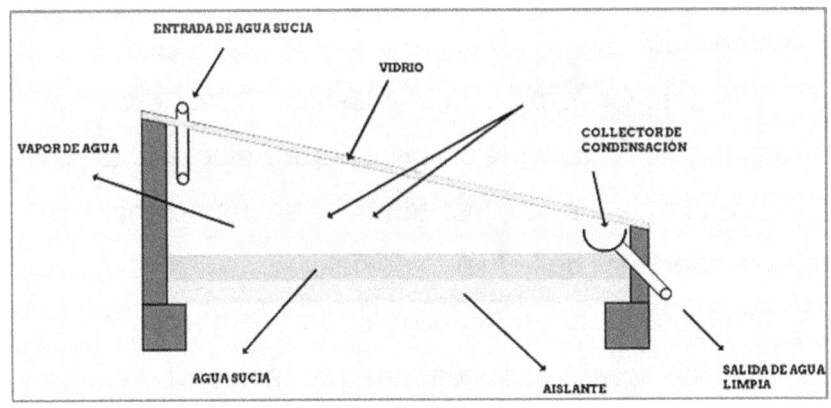

Condensador solar. Partes y detalles

La energía solar calienta el agua en el contenedor, luego el agua se evapora y se condensa en el fondo de la cubierta de vidrio.

Colectores de alta temperatura

El horno solar ubicado en Odeillo en los Pirineos Orientales franceses puede alcanzar temperaturas de hasta 3.800 grados Celsius.

Las temperaturas inferiores a 95 grados Celsius son suficientes para calefacción de espacios, en ese caso generalmente se usan colectores planos del tipo no concentradores. Debido a las relativamente altas pérdidas de calor a través del cristal, los colectores planos no logran alcanzar mucho más de 200 °C incluso cuando el fluido de transferencia está estancado.

Tales temperaturas son demasiado bajas para ser usadas en la conversión eficiente en electricidad. La eficiencia de los motores térmicos se incrementa con la temperatura de la fuente de calor.

Para lograr esto en las plantas de energía termal, la radiación solar es concentrada por medio de espejos o lentes para lograr altas temperaturas mediante una

tecnología llamada energía termosolar de concentración (en inglés: Concentrated Solar Power, CSP).

El efecto práctico de las mayores eficiencias es la reducción del tamaño de los colectores de la planta y del uso de terreno por unidad de energía generada, reduciendo el impacto ambiental de una central de potencia así como su costo.

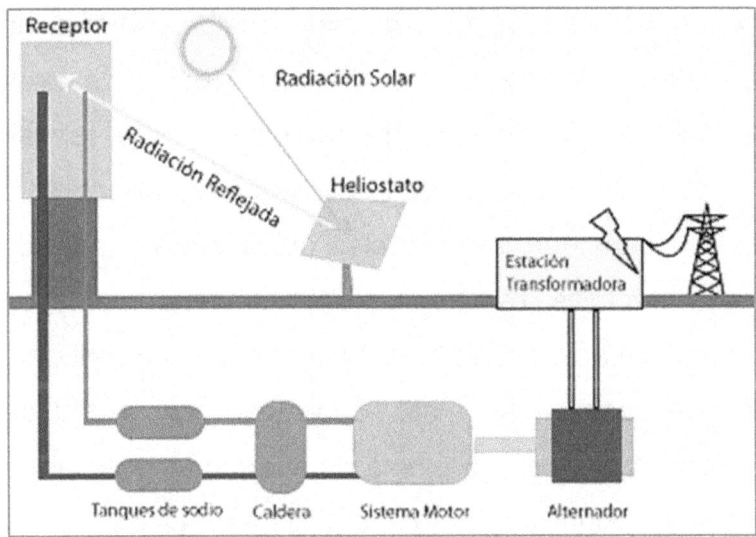

Captador solar térmico de alta temperatura

A medida de que la temperatura aumenta, diferentes formas de conversión se vuelven prácticas. Hasta 600 °C, las turbinas de vapor, la tecnología estándar,

tienen una eficiencia de hasta 41 %, por sobre los 600 °C, las turbinas de gas pueden ser más eficientes. Las temperaturas más altas son problemáticas y se necesitan diferentes materiales y técnicas. Uno propuesta para temperaturas muy altas es usar sales de fluoruro líquidas operando a temperaturas de entre 700 °C a 800 °C, que utilizan sistemas de turbinas de etapas múltiples para lograr eficiencias termales de 50 % o más. Las temperaturas más altas de operación le permiten a la planta usar intercambiadores de calor secos de alta temperatura para su escape termal, reduciendo el uso de agua de la planta, siendo esto crítico para que las centrales ubicadas en desiertos sean prácticas. También las altas temperaturas hacen que el almacenamiento de calor sea más eficiente, ya que se almacenan más watts-horas por unidad de fluido. Dado que una planta de energía termosolar de concentración (CSP) primero genera calor, puede almacenar dicho calor antes de convertirlo en electricidad. Con la actual tecnología, el almacenamiento de calor es mucho más barato que el almacenamiento de electricidad. De esta forma, una planta CSP pude producir electricidad durante el día y

la noche. Si la ubicación de la planta CSP tiene una radiación solar predecible, entonces la planta se convierte en una central confiable de generación de energía. La confiabilidad puede ser mejorada aún más al instalar un sistema de respaldo que use un sistema de combustión interna. Este sistema de respaldo puede usar la mayor parte de las instalaciones de la planta CSP, lo que hace disminuir el costo del sistema de respaldo. Superados los temas de confiabilidad, con desiertos desocupados, sin problemas de polución y sin costos asociados al uso de los combustible fósiles, los principales obstáculos para el despliegue a gran escala de las centrales CSP son los costos, la contaminación estética, el uso del suelo y factores similares para las líneas de transmisión eléctrica de alta tensión. Aunque solo se necesita un pequeño porcentaje de los desiertos para abastecer los requerimientos globales de electricidad, aún esto es una gran superficie cubierta con espejos o lentes que se necesitan para obtener una cantidad significativa de energía. Los sistemas tipo canal parabólico usan reflectores parabólicos en una configuración de canal para enfocar la radiación solar

directa sobre un tubo largo que corre a lo largo de su foco y que conduce al fluido de trabajo, el cual pude alcanzar temperaturas hasta de 500 °C. Durante el día y el año, el sol cambia su posición respecto a un punto en la superficie del planeta. Para los sistemas de baja temperatura el seguimiento del sol se puede evitar (o limitar a unas pocas posiciones por año) si se usa óptica no visual. Sin embargo, para temperaturas más altas, si los espejos o lentes no se mueven, el foco de estos cambia, provocando que los ángulos de aceptación sean poco eficientes, aunque se compensa en parte por el uso de ópticas no visuales. Por consiguiente es necesario implementar un sistema para seguir la posición del sol, la desventaja de esto es que incrementa el costo y la complejidad de la planta. Se han ideado diferentes diseñados para solucionar este problema y que se pueden distinguir en cómo ellos concentran la luz solar y siguen la posición del sol.

Diseños cilíndrico-parabólicos

Un cambio de posición del sol que sea paralelo al receptor no requiere un ajuste de los espejos.

Leyenda: Absorber tube: Tubo receptor, Reflecter: Reflector, Solar Field piping: Tuberías del campo solar. Las plantas de energía cilíndrico-parabólicos usan un espejo cilíndrico curvado para reflejar la radiación solar directa sobre un tubo de vidrio que contiene un fluido (también llamado receptor, absorbedor o colector) ubicado a lo largo del cilindro, posicionado en el punto focal de los reflectores. El cilindro es parabólico a lo largo de un eje y lineal en el eje ortogonal. El cambio durante el día de la posición del sol perpendicular al receptor, es seguido inclinando el cilindro de este a oeste de tal forma que la radiación directa permanece enfocada en el receptor. Sin embargo, los cambios estacionales en el ángulo de incidencia de la luz solar paralelo al cilindro no requieren ajustar los espejos, dado que simplemente la radiación solar es concentrada en otra parte del receptor, de esta forma el diseño no requiere hacer el seguimiento en un segundo eje. El receptor puede estar encerrado en una cámara al vacío de vidrio. El vacío reduce significativamente la pérdida de calor por convección. Un fluido, también llamado fluido de transferencia de calor, pasa a través del

receptor y se calienta muy fuertemente. Los fluidos más comunes son aceite sintético, sal fundida y vapor presurizado. El fluido que contiene el calor es transportado a un motor térmico donde aproximadamente un tercio del calor es transformado en electricidad. Andasol en Guadix, España usa el diseño cilíndrico-parabólico, el cual consiste de largas filas paralelas de colectores solares modulares. Estos siguen al Sol desde el este al oeste rotando sobre su eje, los paneles reflectores de alta precisión concentran la radiación solar sobre una tubería absorbente localizada a lo largo del eje focal de la línea de colectores.

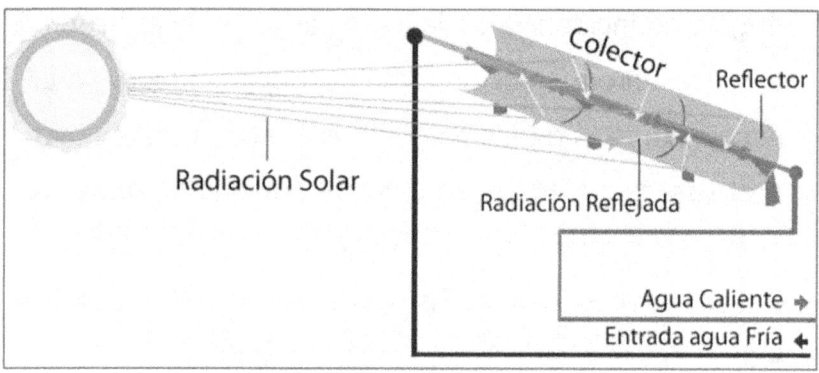

Sistema con paneles cilíndrico-parabólicos

Un medio de transferencia de calor, un aceite sintético, como en los motores de los automóviles, es hecho circular a través de las tuberías de absorción a una temperatura de hasta 400 °C y genera vapor bajo presión para propulsar un generador de turbina de vapor en un bloque de energía convencional. Los sistemas cilíndrico-parabólicos a escala total consisten de muchos de tales cilindros dispuestos en paralelo sobre una gran área de terreno. Desde el año 1985 el SEGS (en inglés: Solar Energy Generating Systems, SEGS), un sistema termal solar que usa este diseño, ha estado funcionando a plena capacidad en California, Estados Unidos. El Sistema Solar de Generación de Energía (en inglés: Solar Energy Generating System, SEGS) es un conjunto de nueve plantas con una capacidad total de 350 MW. Actualmente es el sistema solar operacional más grande (tanto del tipo termal o no). La planta Nevada Solar One tiene una capacidad de 64 MW. Están en construcción las plantas Andasol 1 y 2 en España, cada planta tiene una capacidad de 50 MW, sin embargo, estas plantas son de un diseño que tiene un sistema de almacenamiento de calor que requiere un

terreno con colectores solares mayor en relación al tamaño del generador y turbina de vapor para almacenar el calor y enviarlo a las turbinas de vapor al mismo tiempo. El almacenamiento de calor permite una mejor utilización de las turbinas de vapor. Con una operación diurna y parcialmente nocturna la turbina de vapor de Andasol con un capacidad de punta de 50 MW produce más energía que Nevada Solar One con una capacidad de punta de 64 MW, debido al sistema de almacenamiento de calor y un terreno de colectores más grande que posee la planta de Andasol.

Central solar de torre central

Solar Dos. Espejos planos enfocan la radiación solar en la parte superior de la torre. Las superficies blancas en la parte inferior del receptor son usadas para calibrar las posiciones de los espejos. Las torres de energía (también conocidas como central solar de 'torre central' o centrales de 'helióstatos') captura y enfocan la energía termal del sol con miles de espejos que siguen al sol (llamados helióstatos) ubicados en un terreno adyacente a la torre. Una torre está

ubicada en el centro del terreno ocupado por los helióstatos. Los helióstatos concentran la luz del sol en un receptor que está ubicado en la parte superior de la torre. En el receptor la radiación solar concentrada calienta una sal fundida a sobre 538 °C. Posteriormente la sal fundida se envía a un tanque de almacenamiento termal donde se acumula, con una eficiencia termal del 98 %, finalmente es bombeada hacia un generador de vapor. El vapor impulsa una turbina la que genera electricidad. Este proceso, que también es conocido como Ciclo de Rankine, es similar al que usa una planta que usa combustibles fósiles (carbón, gas natural, petróleo, etc.), excepto que la fuente de energía en este caso es la radiación solar limpia.

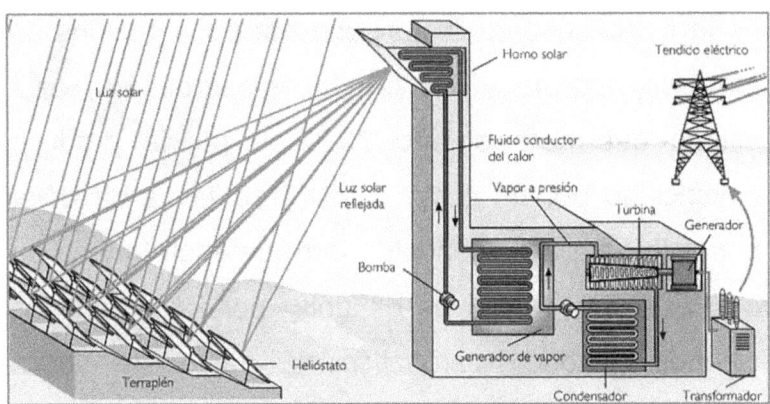

Detalles de una Torre solar

La ventaja de este diseño en comparación al diseño cilíndrico-parabólico es que logra alcanzar temperaturas más altas. La energía termal a temperaturas más altas puede ser convertida en electricidad con mayor eficiencia y es más barato el almacenamiento para ser usada posteriormente. Adicionalmente, el terreno adyacente no necesita ser tan plano. En principio una torre de energía podría ser construida en la ladera de una colina. Los espejos pueden ser planos y las tuberías están concentradas en la torre. La desventaja es que cada espejo debe tener su propio control en dos ejes, mientras que en el diseño cilíndrico-parabólico el control de seguimiento de un eje puede ser compartido por un conjunto más grande de espejos. La NREL realizó una comparación de la relación costo/desempeño entre los diseños de torre de energía y los cilíndricos-parabólicos, está estimó que para el año 2020 se podría producir electricidad por un costo de 5,47 centavos de dólar por kWh para los diseños de torre de energía y de un costo de 6,21 centavos de dólar por kWh para los diseños cilíndricos-parabólicos. El factor de planta para los torres de energía fue estimado en un 72,9 %

y para los diseños cilíndricos-parabólicos fue de 56,2 %. Se espera que el desarrollo de componentes para helióstatos de centrales baratos, durables y fabricados en masa hicieran bajar estos costos.

Ejemplos de centrales construidas

En junio de 2008, eSolar, una compañía basada en Pasadena, California fundada por el CEO de Idealab Bill Gross con financiamiento provisto por Google, anunció un Acuerdo para Compra de Energía (en inglés: Power Purchase Agreement, PPA) con la empresa de servicios públicos Southern California Edison para producir 245 megavatios de energía. También, en febrero de 2009, eSolar anunció que había licenciado su tecnología a dos socios de desarrollo, la empresa NRG Energy Inc. basada en Princeton, Nueva Jersey y el grupo ACME basado en India. En el acuerdo con NRG, las compañías anunciaron planes construir en forma conjunta plantas solares térmicas concentradoras por 500 megavatios a través de todo Estados Unidos. La meta para el Grupo ACME fue cerca del doble de esta cifra; ACME planeaba comenzar a construir sus primeras plantas

generadoras de energía eSolar en el año 2009 y dentro de los siguientes 10 años completar 1 Gigavatio. El software propietario de seguimiento del sol de eSolar coordina el movimiento de 24000 espejos de 1 metro cuadrado por cada torre usando sensores ópticos para ajustar y calibrar los espejos en tiempo real. Esto permite un usar un material reflectante de alta densidad que hace posible el desarrollo de plantas generadoras solares termales de concentración (en inglés: Concentrating Solar Thermal Power, CSP) con unidades de 46 megavatios en terrenos de aproximadamente (MW) π millas cuadradas, lo que resulta en una proporción de terreno a energía de 16 000 m² por 1 megavatio.

Bright Source Energy firmó una serie de Acuerdos de Compra de Energía con Pacific Gas and Electric Company en marzo de 2008 por hasta 900 MW de electricidad, el compromiso de energía solar más grande realizado por una empresa de servicios públicos. En junio de 2008 Bright Source Energy inauguró su Centro de Desarrollo de Energía Solar (en inglés: Solar Energy Development Center, SEDC) de 4-6 MW en el Desierto de Negev, Israel. El sitio,

localizado en el Parque Industrial de Rotem, posee 1.600 helióstatos que siguen al sol y reflejan la radiación solar sobre una torre de 60 metros de alto. La energía concentrada luego es usada para calentar una caldera, localizada en la parte superior de la torre, a una temperatura de 550 grados Celsius, generando vapor supercalentado.

Existe una torre funcionando en PS10 en España con una capacidad de 11 MW. Una planta llamada Solar Tres de 15 MW con almacenamiento de calor está bajo construcción en España.

En Sudáfrica, está planificada una planta solar de 100 MW equipada con entre 4000 y 5000 helióstatos, cada uno de un área de 140 m². Una planta localizada en Australia llamada Granja solar Cloncurry (que usa grafito purificado como almacenamiento de calor localizado directamente en la torre). Marruecos está construyendo cinco plantas solares termales alrededor de Uarzazate.

Las plantas producirán aproximadamente 2000 MW hacia el año 2012. Sobre diez mil hectáreas de terreno se usarán para todos las plantas.

El proyecto Solar Uno de 10 MW fue puesto fuera de comisión (posteriormente se desarrolló en el proyecto Solar Dos) y también la central solar Thémis de 2 MW.

Capacidad total instalada (MWp)[1]										
País o Región	Total 2005	Total 2006	Total 2007	Total 2008	Total 2009	Total 2010	Total 2011	Total 2012	Total 2013	Total 2014
Total mundial	354	355	429	484	663	969	1598	2553	3425	4400
Unión Europea	0	0	11	62	384	638	1108	s.d.	s.d.	s.d.
España	0	0	11	61	382	632	1102	s.d.	s.d.	s.d.
Estados Unidos	354	355	427	432	512	517	517	s.d.	s.d.	s.d.
Argelia	0	0	0	0	0	0	25	s.d.	s.d.	s.d.
Marruecos	0	0	0	0	0	20	20	s.d.	s.d.	s.d.
Egipto	0	0	0	0	0	0	20	s.d.	s.d.	s.d.
Irán	0	0	0	0	0	17	17	s.d.	s.d.	s.d.
Italia	0	0	0	0	0	4.7	4.7	s.d.	s.d.	s.d.
Alemania	0	0	0	0	0	1.5	1.5	s.d.	s.d.	s.d.

Diseños de disco

Un disco solar parabólico que concentra la radiación solar sobre un elemento calefactor de un motor Stirling.

Toda la unidad actúa como un seguidor solar

Un sistema de disco Stirling usa un gran disco reflector parabólico (similar a la forma que tiene un disco de televisión satelital).

Este enfoca toda la radiación solar que llega al disco sobre un solo punto en la parte superior del disco, donde un receptor captura el calor y lo transforma en algo que se pueda usar.

Normalmente el disco está acoplado a un motor Stirling, lo que se conoce como un Sistema Disco-Stirling, pero algunas veces se utiliza un motor de vapor.

Estos motores crean energía cinética rotacional que puede ser convertida en electricidad usando un generador eléctrico.

La ventaja de un sistema de disco es que puede alcanzar temperaturas muchas más altas debido a una concentración mayor de luz (de manera similar que en los diseños de torre).

Las temperaturas más altas permiten una mejor conversión a electricidad y los sistemas de disco son muy eficientes en este aspecto. Sin embargo, también hay algunas desventajas.

La conversión de calor a electricidad requiere partes que se mueven y eso resulta en mayores requerimientos de mantenimiento.

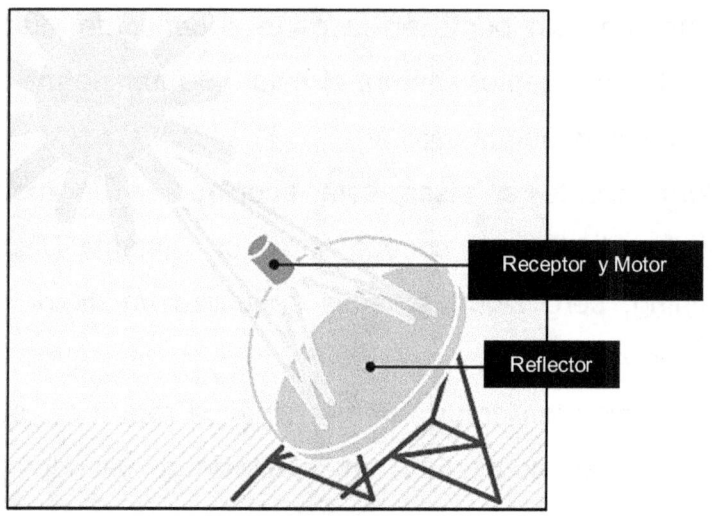

Disco Solar parabólico

En general, una aproximación centralizada de este proceso de conversión es mejor que uno descentralizado en el diseño de disco. Segundo, el motor, que es pesado, es parte de la estructura que se mueve, lo que requiere una estructura rígida y un sistema de seguimiento resistente. Adicionalmente, se usan espejos parabólicos en vez de espejos planos lo que significa que el seguimiento debe ser realizado en dos ejes. En el año 2005 Southern California Edison anunció un acuerdo para comprar motores Stirling para energía solar a la empresa Stirling Energy

Systems durante un período de veinte años y en cantidades suficientes (20000 unidades) para generar 500 MW de electricidad. En enero de 2010, Stirling Energy Systems y Tessera Solar pusieron en funcionamiento la primera central solar de demostración de 1,5 MW ("Maricopa Solar") usando la tecnología Stirling en Peoria, Arizona. A comienzos del año 2011 la subsidiaria de desarrollo de Stirling Energy, Tessera Solar, vendió de sus proyectos grandes, el proyecto Imperial de 709 MW y el proyecto Calico de 850 MW a las empresas AES Solar y K. Road respectivamente, y en el otoño de 2011 Stirling Energy Systems se acogió al Capítulo 7 de bancarrota debido a la competencia de la tecnología fotovoltaica de bajo costo.

Reflectores Fresnel

Esquema de un reflector Fresnel. Los sistemas solares compuestos de reflectores Fresnel lineales usan inclinaciones alternas para los espejos para reducir el espacio requerido y prevenir el bloqueo del sol por parte de otros espejos. Leyenda: Linear absorber: Absorbedor lineal, Linear Tracking

Reflectors: Reflectores de seguimiento lineal. Una central solar con reflectores Fresnel lineales usa una serie de espejos largos, estrechos, de baja curvatura (o incluso planos) para enfocar la luz en uno o más receptores lineales localizados sobre los espejos. En la parte superior del receptor un pequeño espejo parabólico puede estar posicionado para apoyar el enfoque sobre el receptor. La idea de estos sistemas es ofrecer bajos costos totales al compartir un receptor entre varios espejos (cuando se le compara con los conceptos cilíndricos y de disco), mientras que usan la simple geometría de enfoque lineal con un eje de seguimiento.

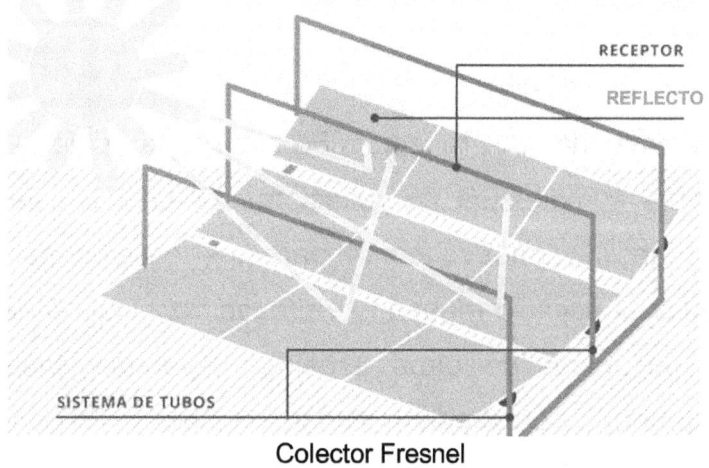

Colector Fresnel

Esto es similar al diseño de cilindro (y diferente de los diseños de torre central y de discos con doble eje). El receptor es estacionario y por lo tanto no necesita de acoples de fluidos (como es el caso en los diseños de cilindro y de discos). También los espejos no necesitan sostener al receptor, así que son estructuralmente más simples. Cuando se usan estrategias de puntería adecuadas (espejos apuntados a diferentes receptores a diferentes horas del día), se puede permitir una densidad mayor de espejos en el terreno disponible. También ha sido desarrollado un concepto con la idea de reflectores Fresnel con enfoque puntual llamado Multi-Tower Solar Array (MTSA), en castellano: Arreglo Solar de Torres Múltiples, pero aún no ha sido construido un prototipo. En este concepto los espejos de posiciones alternas apuntan a torres diferentes como sus blancos, logrando de esta forma minimizar el bloqueo entre espejos y permiten una agrupación más densa de estos. En la torre la radiación solar sería recibida por un divisor de haz curvado, construido de cuarzo revestido, este divisor separaría la porción verde y

roja del espectro visible y la porción del infrarrojo cercano y las enviaría a un receptor fotovoltaico, ya que estas partes del espectro electromagnético son las más eficientes para ser usadas con la generación fotovoltaica de electricidad. El resto de las longitudes de onda serían enviadas al receptor termal y la turbina, proceso que utiliza la energía de la radiación y no a las longitudes de onda. Este concepto ganó un financiamiento por el Australian Research Council para construir un prototipo de una sola torre en Australia y que pueda generar aproximadamente unos 150 kW y que usará una microturbina combinada y un receptor fotovoltaico. Se han construido prototipos recientes de este tipo de sistemas en Australia (del tipo Reflector Fresnel lineal compacto) y por Solarmundo en Bélgica. El proyecto de investigación y desarrollo de Solarmundo, con su central piloto en Lieja, fue cerrado después de probar el concepto de la tecnología Fresnel lineal en forma exitosa. Subsecuentemente, la empresa Solar Power Group GmbH, basada en Múnich, Alemania, fue fundada por algunos de los miembros del equipo Solarmundo. Un prototipo basado en espejos Fresnel con generación

directa de vapor fue construido por SPG en conjunto con el Centro Aeroespacial Alemán (DLR). Basado en el prototipo australiano se ha propuesta una central de 177 MW ubicada cerca de San Luis Obispo en California y que sería construida por la empresa Ausra, pero Ausra vendió este proyecto a First Solar, finalmente First Solar (un fabricante de celdas solares fotovoltaicas de película delgada) no construirá el proyecto Carrizo, esto resultó en la cancelación del contrato de Ausra para proporcionar 177 MW a P.G. & E. Las centrales de capacidad pequeña son un enorme desafío económico para los diseños cilíndrico-parabólico y de disco, pocas compañías construyen estos proyectos tan pequeños. SHP Europe, una antigua subsidiaria de Ausra, tiene planes para construir una central de ciclo combinado de 6,5 MW en Portugal. La compañía alemana SK Energy GmbH tiene planes para construir varias centrales pequeñas de 1 a 3 MW en el sur de Europa (especialmente en España) usando la tecnología de espejos Fresnel y de motor de vapor. En mayo de 2008, la empresa alemana Solar Power Group GmbH y la empresa española Laer S.L. acordaron la ejecución conjunta de

una central solar termal en el centro de España. Esta será la primera central solar termal en España basada en la tecnología de colectores Fresnel de la empresa Solar Power Group. El tamaño planificado de la central será de 10 MW con una unidad de respaldo basada en combustible fósil. El comienzo de la construcción está planificado para el año 2009. El proyecto está localizado en Gotarrendura, un pequeño pueblo pionero en el uso de energías renovables, aproximadamente a 100 km al noroeste de Madrid, España. Desde marzo de 2009, la central solar de Puerto Errado 1 (PE 1) operada por la empresa alemana Novatec Solar está operando comercialmente en el sur de España. La central solar está basada en la tecnología de colectores lineales Fresnel y tiene una capacidad eléctrica de 1,4 MW. Adicionalmente a un bloque de potencial convencional, la central incluye una caldera solar con una superficie de espejos de alrededor de 18.000 m². El vapor es generado concentrando la irradiación solar directa sobre un receptor lineal que está ubicado a 7,4 metros sobre la superficie del terreno. Un tubo absorbedor está localizado en la línea de foco del

campo de espejos, en este el agua es evaporada directamente en vapor saturado a una temperatura de 270 °C y a una presión de 55 bares por la energía solar concentrada. Desde septiembre del año 2011, debido a un nuevo diseño de receptor desarrollado por Novatec Solar, el vapor ahora puede ser generado a una temperatura de 500 °C. La central solar de Puerto Errado 2 (PE 2) de 30 MW es una versión agrandada de la PE 1, está también está basada en la tecnología de colectores Fresnel desarrollada por la empresa alemana Novatec Solar. Comprende una superficie de espejos de 302.000 m² y está en operación desde agosto de 2012. La central está localizada en la región de Murcia.

Tecnologías de reflectores lineales Fresnel

Otras tecnologías de seguimiento de un solo eje incluyen a las relativamente nueva de reflector lineal Fresnel (en inglés: Linear Fresnel Reflector, LFR) y de LFR-Compacto (en inglés: Compact-LFR, CLFR). La LFR difiere de la de cilindro parabólico en que el absorbedor se encuentra fijo en el espacio sobre el campo de espejos. También, el reflector está

compuesto de muchos segmentos de fila bajos, que se enfocan colectivamente sobre una larga torre receptora elevada que corre paralela al eje de rotación de los reflectores. Este sistema ofrece una solución de bajo costo ya que la fila del absorbedor es compartida con varias filas de espejos. Sin embargo, una dificultad fundamental con la tecnología LFR es evitar el obscurecimiento de la radiación solar incidente y el bloqueo de la radiación solar reflejada por los reflectores adyacentes. El bloqueo y el obscurecimiento puede ser reducidos al usar torres más altas o incrementando el tamaño del absorbedor, lo que permite incrementar el espaciamiento entre los reflectores más alejados del absorbedor. Ambas soluciones tienen costos extras asociados, ya que se requiere una mayor superficie de terreno. El CLFR ofrece una solución alternativa al problema del LFR. El LFR clásico tiene solo un absorbedor lineal instalado en una sola torre lineal. Esto impide cualquier opción en la dirección de la orientación de un reflector específico. Dado que esta tecnología sería introducida en un gran campo, uno puede asumir que existirán mucho absorbedores lineales en

el sistema. Por lo tanto, si los absorbedores están lo suficientemente cercanos, los reflectores individuales tendrán la opción de dirigir la radiación solar reflejada hacia al menos dos absorbedores. Este factor adicional permite el potencial para arreglos con una alta densidad, dado de que los patrones de inclinaciones de reflectores alternadas pueden ser hechos de tal forma que los reflectores instalados con una alta densidad no se bloquean o ensombrecen mutuamente. Las centrales solares CLFR ofrecen reducción de costos en todos los elementos del arreglo solar. Esta reducción de costos alienta el avance de esta tecnología. Las características que inciden en la reducción de costos de este sistema comparadas a las de la tecnología cilíndrica-parabólica incluyen costos estructurales minimizados, pérdidas por bombeo parásito minimizadas y mantenimiento reducido. La disminución de los costos estructurales se atribuye al uso de reflectores de vidrios planos o curvados elásticamente en vez de costosos reflectores de vidrio hundido montados cerca del suelo. También, el ciclo de transferencia de calor está separado del campo de reflectores, evitando el

costo de las tuberías flexibles de alta presión que se requieren para los sistemas cilíndricos. La disminución de las pérdidas de bombeo parásito se debe al uso de agua para el fluido de transferencia de calor con ebullición directa pasiva. El uso de tubos de vidrio evacuados asegura bajas pérdidas por radiación y son baratos. Estudios existentes para las centrales CLFR han mostrado una eficiencia entre el haz de radiación recibido y la electricidad generada de un 19% en una base anual como un precalentamiento.

Lentes Fresnel

Se han construido prototipos de concentradores de lentes de Fresnel para la recuperación de energía termal por la empresa International Automated Systems.

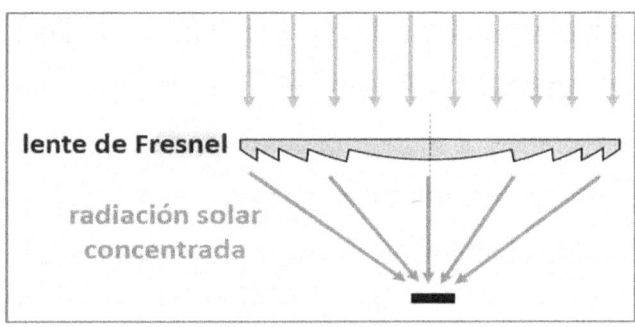

Detalle de una lente Fresnel

No se conocen de sistemas termales que usen lentes de Fresnel en operación a plena escala, aunque ya se encuentran disponibles algunos productos que incorporan lentes de Fresnel en conjunto con células fotovoltaicas. La ventaja de este diseño es que los lentes son más baratos que los espejos. Adicionalmente, si se escoge un material flexible, entonces se requiere de una estructura de soporte de menor rigidez para resistir la carga generada por el viento. En el proyecto Desert Blooms se puede ver un nuevo concepto de tecnología para concentradores solares livianos y no disruptivos que usa lentes de Fresnel asimétricos que ocupan un área de superficie de terreno mínima y que permite mayores cantidades de energía solar concentrada por cada concentrador, aunque todavía no se construye un prototipo.

Cilíndrico parabólico cerrado

El sistema solar termal cilíndrico parabólico cerrado encapsula los componentes al interior de un recinto de vidrio tipo invernadero. El recinto protege los componentes de los elementos que pueden impactar negativamente la confiabilidad y eficiencia del

sistema. Espejos reflectores solares curvados livianos se encuentran suspendidos desde el techo del recinto de vidrios sostenidos por cables. Un sistema de seguimiento de un solo eje posiciona los espejos para recuperar la cantidad óptima de radiación solar. Los espejos concentran la radiación solar y la enfocan en una red de tuberías de acero estacionarias, también suspendidas de la estructura del recinto de vidrio. Se bombea agua a través de las tuberías y esta es hervida para generar vapor usando la radiación solar concentrada. A continuación el vapor es usado como calor de proceso. Al proteger los espejos del viento permite lograr temperaturas más altas y previene que se acumule polvo sobre estos como un resultado de ser expuestos a la humedad ambiente.

Hornos solares

Los hornos solares son reflectores parabólicos o lentes construidas con precisión para enfocar la radiación solar en superficies pequeñas y de este modo poder calentar "blancos" a altos niveles de temperatura. La temperatura que puede obtenerse con un horno solar está determinada por el segundo

principio de la termodinámica y es equivalente a la temperatura de la superficie del sol, esto es 6000 °C, y por la consideración de las propiedades ópticas de un sistema de horno que limitan la temperatura máxima disponible. Se han usado hornos solares para estudios experimentales que han alcanzado hasta 3500 °C y se han publicado temperaturas superiores a 4000 °C. Las muestras pueden calentarse en atmósferas controladas y en ausencia de campos eléctricos o de otro tipo si así se desea. El reflector parabólico tiene la propiedad de concentrar en un punto focal los rayos que entran en el reflector paralelamente al eje. Como el sol abarca un ángulo de 32°, aproximadamente, los haces de rayos no son paralelos y la imagen en el foco del receptor tiene una magnitud finita. Como regla empírica, el diámetro de la imagen es aproximadamente la razón de longitud focal dividido por 111. La longitud focal determina el tamaño de la imagen y la abertura del reflector la cantidad de energía que pasa por el área focal para una velocidad dada en incidencia de radiación directa. El cociente entre la abertura y la longitud focal es, pues, una medida de flujo de energía disponible en el

área focal y con arreglo a este flujo se puede calcular una temperatura de cuerpo negro. La utilidad de los hornos solares aumenta con el uso de helióstatos, o espejo plano móvil, para llevar la radiación solar al reflector parabólico, esto permite el montaje estacionario de una parábola de ordinario en posición vertical, con lo cual se pueden colocar aparatos para atmósfera controlada y movimiento de muestras, soportes de blancos, y otros, sin necesidad de mover todo el equipo.

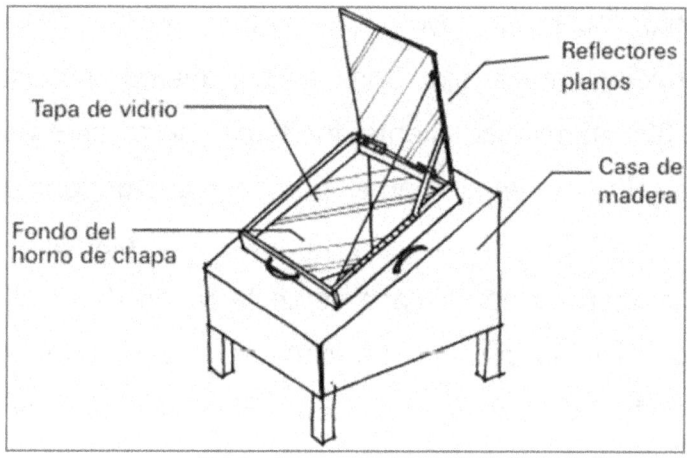

Partes de un Horno solar

El poder de reflexión del helióstato varía de 85 a 95 % según su construcción, por lo que resulta una pérdida de flujo del 5 al 15 % para el horno, y la disminución

correspondiente a las temperaturas que se puedan alcanzar. Se construyen hornos solares de hasta 3 metros de diámetro con espejos de una sola pieza de aluminio, cobre o de otros elementos y se han construido hornos más grandes de múltiples reflectores curvos. El reflector o blanco usado en los hornos solares puede ser de varias formas. Las sustancias pueden fundirse en sí mismas en cavidades de cuerpo negro, encerrarse en envoltura de vidrio o de otra materia transparente para atmósferas controladas, o introducirse en un recipiente rotatorio "centrífugo". La medición de las temperaturas del blanco en los hornos solares se hace por fusión de sustancias de punto de fusión conocidos y por medios pirométricos ópticos o de radiación. Se usan hornos solares en gran variedad de estudios experimentales, entre ellos, la fusión de materiales refractarios, la realización de reacciones químicas e investigación de las relaciones de fase en sistemas de alto punto de fusión como sílice alúmina.

Entre otros usos propuestos para los hornos solares figuran los experimentos de pirólisis instantánea en

investigación química inorgánica y orgánica, y estudios geoquímicos de rocas y minerales.

Fluido Caloportador
El fluido caloportador pasa a través del absorbedor y transfiere la energía a la parte del sistema de aprovechamiento térmico (acumulador o interacumulador).

Los tipos más usados son
El agua y la mezcla de anticongelante, pueden ser también aceites de silicona o líquidos orgánicos sintéticos. Los anticongelantes son glicoles y los más usados son el etilenglicol y el propilaglicol.

Las características fundamentales de los anticongelantes
    Son tóxicos: Llevan una sustancia que se conoce como inhibidores de la corrosión que es beneficioso para los dispositivos de la instalación. Se debe impedir que se mezcle con el agua de consumo (haciendo la presión del secundario mayor que la del

primario, por prevención ante una posible rotura del intercambiador).

Son muy viscosos: Al ser más espesos le cuesta al líquido más avanzar, aumentando la pérdida de carga, factor a tener en cuenta a la hora de elegir la electrobomba que suele ser de mayor potencia.

Dilata más que el agua cuando se calienta: Para evitar las sobrepresiones se utiliza el vaso de expansión. Si se diseña el vaso como para que aguante una presión como si fuese sólo agua, la membrana del vaso llega un punto en el que no da más de sí y se produciría la sobrepresión en el circuito.

Es inestable a más de 120ºC: Si alcanzase más de esta temperatura, se degrada convirtiéndose en un ácido muy corrosivo que afectaría a la vida de los elementos de la instalación. Además pierde sus propiedades por lo que deja de evitar la congelación. Los hay que aguantan más temperatura pero son más caros.

La temperatura de ebullición disminuye a la del agua: Podría verse como una ventaja porque significa que absorbe más energía.

El calor específico disminuye al del agua: Por absorber más energía, tarda también más en perderla o entregarla, por lo que la ventaja anterior se anula al no transferir todo el calor que ha ganado.

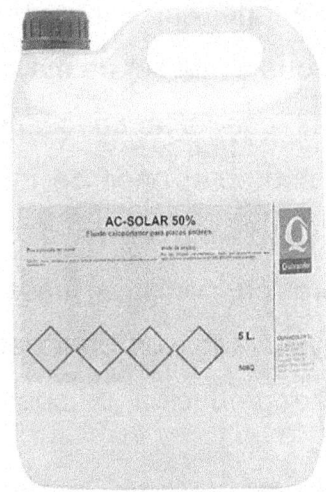

Fluido caloportador envasado

Conducciones, aislamiento y otros elementos de la instalación

Conducciones

El fluido caloportador debe ser transportado a una determinada velocidad. Si va rápido no se calentará, si va muy lento alcanzará temperaturas poco deseables, por lo que habrá que calcular el dimensionamiento de las tuberías.

Para ello, habrá que mantener unos límites de velocidad (1'2 l/seg. – 1'6 l/seg. en 100 m^2 de superficie colectora).

El material a elegir debería ser el metal más noble posible (cobre), pero en dimensiones grandes, se empleará otro de precio inferior como puede ser el acero o el aluminio. En caso de coexistir varios metales en la misma instalación, el agua debe ir desde el menos noble al más noble por el problema de la electrolisis.

Con los plásticos, el polietileno reticulado (100°C unas pocas horas). El caudal será de 50 l/h.

Aislamiento

Evita las pérdidas de los elementos sensibles de la instalación, debe tener un bajo coeficiente de conductividad a un precio razonable. Su colocación será sencilla y soportará un rango amplio de temperaturas. Debe ser ignífugo, no corrosivo por contacto y presentar buena estabilidad. Su resistencia mecánica será buena y su peso específico reducido. Puede ser de tipo fibroso (amianto, fibra de vidrio, fibra mineral, fibra animal y vegetal), granulosos

(perlite, silicato e calcio, magnesia), y celulares (corcho, espuma de vidrio). El espesor se elige en función de la temperatura del fluido y el diámetro de la tubería, también dependiendo si las tuberías son interiores o exteriores.

Otros elementos

Para calcular las instalaciones hay que tener en cuenta un caudal de 50 l/h *m^2, la velocidad será de 2 m/seg. (3 m/seg. en algunas condiciones) y un Δp = 40 mm.c.a/m.

-El manómetro y el hidrómetro: Miden la presión en el interior de una tubería o depósito.

-La válvula de seguridad: Debe incluirse por estar el circuito sometido a presión y a variaciones de temperatura.

-El embudo de desagüe: Permite observar la evacuación del líquido.

-El purgador: Evacua los gases contenidos en el fluido caloportador y debe situarse en la parte más alta de la instalación.

-Las válvulas antirretorno: Limitan el paso del fluido en un solo sentido.

-Las válvulas de paso: Pueden interrumpir total o parcialmente el paso del fluido.

-El termómetro: Mide la temperatura del fluido por contacto o por inmersión.

-Los termostatos: Miden y activan o desactivan mecanismos mediante una señal eléctrica.

-El termostato diferencial: Mide una diferencia de temperatura y en función de la medida actúa sobre algún elemento del sistema.

Protección contra la congelación y la ebullición

Hay que evitar la congelación y ebullición del líquido caloportador. Las medidas de protección contra la congelación evitarán el riesgo por las noches y el peligro en invierno. Algunas medidas en climas benignos son que entren en funcionamiento pocas veces, mientras que en climas duros podrían ser el paro total de la instalación (vaciándose la instalación), calentamiento de los colectores por recirculación del fluido caloportador, calentamiento de los colectores por resistencia eléctrica, uso de fluido anticongelante, colectores que soporten la congelación, vaciado de los colectores (cuando la temperatura ambiente ronda

los 0°C se abre la válvula de vaciado y cuando la temperatura sube de 4° o 5°C se llena el circuito con agua de la red (no será válida en circuitos de aluminio por la entrada de aire). Las medidas de protección contra la ebullición deben evitar el riesgo en instalaciones que se encuentran fuera de servicio. Para evitar la ebullición en los colectores se incluyen los vasos de expansión, válvulas de seguridad, reducir la radiación o el empleo de fluidos orgánicos. Para evitar la ebullición en el almacenamiento hay que dimensionarlo con una relación mayor de 50 l/m^2.

Elementos de montaje y sujeción

El montaje de los colectores se realiza mediante un sistema de anclaje y soporte que tenga la inclinación adecuada para los colectores.

Hay varios tipos de estructuras. Los fabricantes venden el colector, con su estructura, depósitos. Aunque siempre se podrá diseñar una estructura propia.

El tipo de anclaje se hará en función de las fuerzas del viento que deba soportar.

La fuerza del viento sobre una superficie es:

$$f = P . S . sen2@$$

Dónde:

f = Peso para contrarrestar la fuerza del viento.

P = Carga del viento (Kg/m2). Se mira en tabla adjunta.

S = Superficie colector (m2).

sen2@ = Seno del ángulo de inclinación.

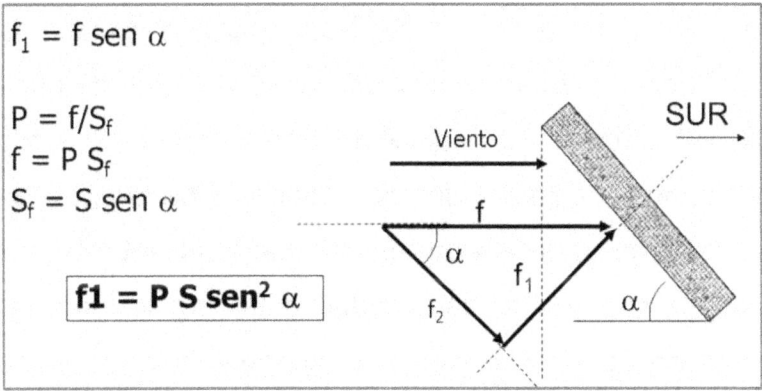

Acumulación e intercambio de calor

El calor en un sistema solar termal es controlado por cinco principios básicos: Ganancia de calor, transferencia de calor, almacenamiento de calor, transporte de calor y aislación termal. En esta

situación, el calor es la medida de la cantidad de energía termal que contiene un objeto y está determinada por la temperatura, masa y calor específico del objeto. Las centrales solares termales usan intercambiadores de calor que están diseñados para condiciones de trabajo constantes para proporcionar el intercambio de calor. La ganancia de calor es el calor acumulado por el sol en el sistema. El calor solar termal es atrapado usando el efecto invernadero, este efecto en este caso es la habilidad de una superficie reflectante para transmitir la radiación de onda corta y reflejar la radiación de onda larga. El calor y la radiación infrarroja son producidas cuando la radiación de onda corta golpea la placa de absorción, que luego es atrapado al interior del colector. Un fluido, usualmente agua, en el absorbedor pasa por tubos y recoge el calor atrapado y lo transfiere a un depósito do almacenamiento de calor. El calor es transferido ya sea por conducción o convección. Cuando el agua es calentada, la energía cinética es transferida por conducción a las moléculas de agua a través del medio. Estas moléculas dispersan si energía termal por conducción y ocupan

más espacio que las moléculas frías que se mueven más lento sobre ellas. La distribución de la energía desde el agua caliente que se eleva hacia el agua fría que se hunde contribuye al proceso de convección. El calor es transferido en el fluido desde las placas de absorción del colector por conducción. El fluido del colector es hecho circular a través de las tuberías transportadoras hasta el lugar del almacenamiento del calor. Al interior del almacenamiento, el calor es transferido a través del medio por convección. El almacenamiento del calor permite que las centrales solares termales puedan producir electricidad durante las horas del día sin luz solar. El calor es transferido a un medio de almacenamiento de calor en un depósito aislado durante las horas con luz solar y es recuperado para la generación de electricidad durante las horas cuando no hay luz solar. La tasa de transferencia de calor está relacionada a la conductividad y convección del medio así como a las diferencias de temperatura. Los cuerpos con grandes diferencias de temperatura transfieren el calor más rápido que los cuerpos con diferencias de temperatura más baja. El transporte del calor se refiere a la

actividad en que el calor de un colector solar es transportado hacia el depósito de almacenamiento de calor. La aislación térmica es vital tanto en las tuberías de transporte de calor como en el depósito de almacenamiento de calor. Previene la pérdida de calor, que está relacionada a la pérdida de energía que a su vez afecta negativamente la eficiencia del sistema.

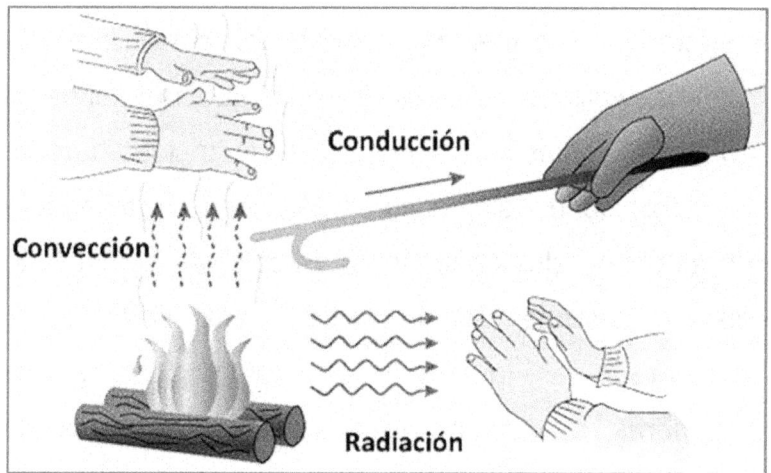

Tipos de transferencia de calor

Almacenamiento de calor

El almacenamiento de calor le permite a las centrales solares termales producir electricidad durante la noche y los días nublados. Esto permite el uso de la

energía solar en la generación de carga base así como para la generación de potencia de punta, con el potencial de reemplazar a las centrales que usan combustibles fósiles. Adicionalmente, la utilización de los generadores es más alta lo que reduce los costos. El calor es transferido a un medio de almacenamiento termal en un depósito aislado durante el día y es retirado para la generación de electricidad en la noche. Los medios de almacenamiento termal incluyen vapor presurizado, concreto, una variedad de materiales con cambio de fase, y sales fundidas tales como calcio, sodio y nitrato de potasio.

Acumulador de vapor

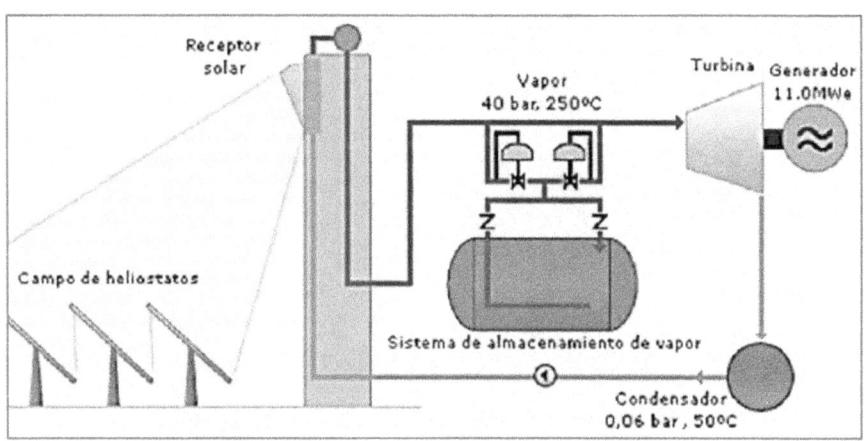

Detalle del equipo de almacenamiento de vapor

La central solar PS10 almacena el calor en tanques como vapor presurizado a 50 bares y a 285 °C. El vapor se condensa y se convierte instantáneamente nuevamente en vapor cuando la presión se baja. El almacenamiento se puede hacer hasta por una hora. Se ha sugerido que se puede almacenar por más tiempo pero aún no se ha probado en una central ya existente.

Almacenamiento en sal fundida

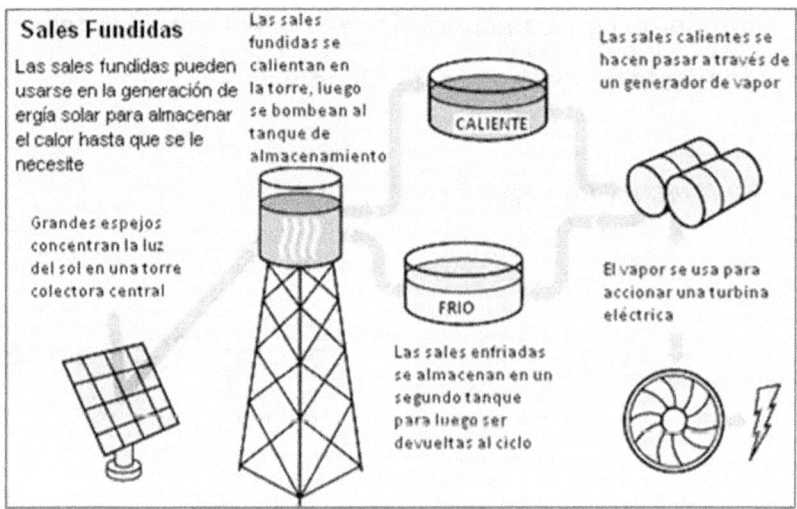

Se han probado una variedad de fluidos para transportar el calor del sol, incluyendo agua, aire, aceite y sodio, pero en algunos casos se han

seleccionado sal fundida como la mejor opción. La sal fundida es usada en los sistemas de torres de energía solar ya que es líquida a presión atmosférica, proporcionando un medio de bajo costo para almacenar energía termal, sus temperaturas de operación son compatibles con la de las actuales turbinas de vapor, y es no inflamable y no tóxica. La sal fundida es usada en las industrias químicas y de metales para transportar calor, así que existe gran experiencia en su uso. La primera mezcla comercial de sal fundida era una forma común de nitro, 60 por ciento de nitrato de sodio y 40 por ciento de nitrato de potasio. El nitro se funde a 220 °C y se mantiene líquido a 290 °C en un tanque de almacenamiento con aislante. El nitrato de calcio puede reducir el punto de fusión a 131 °C, permitiendo que se pueda extraer más energía antes de que la sal se congele. Ahora existen varios grados técnicos de nitrato de calcio que son estables a más de 500 °C. Estos sistemas de energía solar pueden generar electricidad en climas nubosos o durante la noche usando el calor almacenado en los tanques de sal caliente. Los tanques se encuentran equipados con aislamiento y

son capaces de almacenar el calor durante una semana. Los tanques que alimentan una turbina de 100 MW durante cuatro horas deberían tener un tamaño de 9 m de alto por 24 m de diámetro. La central solar de Andasol ubicada en España es la primera central solar termal comercial en usar sal fundida para almacenar calor y generar electricidad durante la noche. Esta central entró en funcionamiento el marzo del año 2009. El 4 de julio de 2011, se realizó un hito en la historia de la industria solar la central solar de Gemasolar de 19,9 MW fue la primera en generar electricidad en forma ininterrumpida durante 24 horas seguidas usando un almacenamiento de calor de sal fundida.

Almacenamiento de calor en grafito
Directo

La propuesta central solar ubicada en Cloncurry, Australia almacenará calor en grafito purificado. La central usa un diseño de torre de energía. El grafito se encuentra localizado en la parte superior de la torre. El calor capturado por los helióstatos va directamente hacia el almacenaje. El calor usado para la

generación de energía es recuperado desde el grafito. Esto simplifica el diseño.

Indirecto

Refrigerantes de sal fundida son usados para llevar el calor desde los reflectores hacia el depósito de almacenamiento de calor. El calor llevado por las sales es transferido a un fluido de transferencia de calor secundario a través de un intercambiador de calor y luego al medio de almacenamiento, o en forma alternativa, las sales pueden ser usadas para calentar directamente el grafito. El grafito es usado ya que tiene costos relativamente bajos y es compatible con las sales líquidas del fluoruro. La alta masa y capacidad calórica volumétrica del grafito proporcionan un eficiente medio de almacenamiento.

Uso de materiales con cambio de fase para almacenamiento

Los materiales con cambio de fase (en inglés: Phase Change Material, PCM) ofrecen una solución alternativa en el almacenamiento de energía. Usando una infraestructura de transferencia de calor similar,

los PCM tienen el potencial de proporcionar un medio más eficiente de almacenamiento. Los PCM pueden ser materiales orgánicos o inorgánicos. Las ventajas de los PCM orgánicos incluyen que son no corrosivos, con subenfriamiento bajo o ninguno, y estabilidad química o termal. Las desventajas incluyen una baja entalpía de cambio de fase, baja conductividad termal e inflamabilidad. Las ventajas de los PCM inorgánicos son una mayor entalpía de cambio de fase, pero exhiben desventajas en temas relacionados al subenfriamiento, corrosión, separación de fase y carencia de estabilidad termal. La mayor entalpía de cambio de fase en los PCM inorgánicos hace que las sales hidratadas sean un fuerte candidato en el campo del almacenamiento de la energía solar.

Uso del agua

Un diseño que requiere agua para condensación o enfriamiento puede ser un problema en las centrales solares termales localizadas en áreas desérticas con buena radiación solar pero con recursos hídricos limitados. El conflicto se ve claramente en los planes de la empresa alemana Solar Millennium para

construir en el Amargosa Valley de Nevada los cuales requerían el 20% del agua disponible en el área. Algunos otros proyectos por la misma y otras empresas en el Desierto de Mojave en California también pueden ser afectadas por la dificultad en la obtención de los derechos de agua adecuados o apropiados. Actualmente la Ley de Aguas de California prohíbe el uso de agua potable para la refrigeración. Otros diseños de agua requieren menos agua. La propuesta central solar de Ivanpah en el sureste de California conservará la escasa agua disponible al usar refrigeración por aire para convertir el vapor en agua. Comparada a la refrigeración húmeda convencional, esto resulta en una reducción del 90% en el uso de agua al costo de una pérdida menor de eficiencia en el proceso de refrigeración. Luego el agua es regresada a la caldera en un proceso cerrado que es ambientalmente amigable.

Conversión desde energía solar a energía eléctrica
De todas estas tecnologías el disco solar/motor Stirling tiene la más alta eficiencia energética. Una sola instalación de disco solar-motor Stirling ubicada

en el Centro Nacional de Pruebas Solar Termal (en inglés: National Solar Thermal Test Facility, NSTTF) en el Laboratorio Nacional Sandia produce tanto como 25 kW de electricidad, con una eficiencia de conversión del 31,25 %. Se han construido centrales solares cilíndrico parabólicas con eficiencias aproximadas del 20 %. Los reflectores Fresnel tienen una eficiencia que es ligeramente más baja, pero esto es compensado por una distribución más densa. Las eficiencias de conversión brutas (tomando en cuenta que los discos o cilindros solares ocupan solo una fracción del área total de una central) son determinados por la capacidad de generación neta sobre la energía solar que cae sobre el área total ocupada por la central solar. La central SCE/SES de 500 megavatios extraería aproximadamente el 2,75 % de la radiación (1 kW/m²) que incide en sus 18,2 km². Para la central solar de Andasol 1 de 50 MW que está siendo construida en España, con un área total de 1300×1500 m = 1,95 km², tiene una eficiencia de conversión bruta de 2,6 %. En todo caso la eficiencia no está relacionada al costo. Al calcular el costo total

deberían considerarse tanto la eficiencia como el costo de construcción y de mantenimiento.

Coste

Dado que una central solar no usa ningún tipo de combustible, el costo consiste principalmente de los costos de capital con costos menores operacionales y de mantenimiento. Si se conoce la vida útil de la central y la tasa de interés, se puede calcular el costo por kWh. Esto se llama coste normalizado de la energía. El primer paso en el cálculo es determinar la inversión en la producción de 1 kWh en un año. Por ejemplo, los datos para el proyecto de Andasol 1 indican que se invirtieron en total 310 millones de euros para producir 179 GWh en un año. Dado que 179 GWh son 179 millones de kWh, la inversión por kWh para un año de producción es de 310 / 179 = 1,73 euros. Otro ejemplo es el de la central solar de Cloncurry en Australia. Se tenía planificado que produjera 30 millones de kWh en un año con una inversión de 31 millones de dólares australianos. Si se logra en realidad, el costo sería de 1,03 dólares australianos para producir 1 kWh por año. Esto habría

sido significativamente más barato que Andasol 1, lo que se podría explicar en parte por la radiación más alta recibida en Cloncurry en relación a España. La inversión por kWh por año no debería ser confundida con el costo por kWh durante todo el ciclo de vida de una central solar. En la mayor parte de los casos la capacidad es indicada para una central en particular, por ejemplo: para Andasol 1 se indica una capacidad de 50 MW. Esta cifra no adecuada para realizar comparaciones, debido a que el factor de capacidad puede ser diferente. Si una central solar posee almacenamiento de calor, también puede producir electricidad después del ocaso, pero eso no cambiará el factor de capacidad; simplemente desplaza la generación. El factor de capacidad promedio para una central solar, que es una función del seguimiento, efecto del sombreado y de la localización, es de aproximadamente un 20 %, lo que significa que una central solar con un capacidad de 50 MW normalmente proporcionará una generación de electricidad anual de 50 MW x 24 horas x 365 días x 20 % = 87 600 MWh/año o 87,6 GWh/año. Aunque la inversión para un kWh por año de producción es

adecuada para comparar el precio de diferentes centrales solares, con esto aún no se obtiene el precio por kWh. La forma de financiamiento tiene una gran influencia en el precio final. Si la tecnología es probada, debería ser posible una tasa de interés del 7 %. Sin embargo, los inversores en nuevas tecnologías buscan una tasa mucho más alta para compensar por los riesgos más altos. Esto tiene un significativo efecto negativo en el precio por kWh. Independiente de la forma de financiamiento, siempre existe una relación lineal entre la inversión por kWh producido en un año y el precio de 1 kWh, antes de agregar los costos operacionales y de mantenimiento. En otras palabras, si por mejoras de la tecnología la inversión cae en un 20 %, el precio por kWh también cae en un 20 %.

Frío solar

La energía Solar puede ser convertida no solamente en electricidad. Con la ayuda de la refrigeración de absorción, también es posible generar enfriamiento. Esto es particularmente interesante para los países donde hace más calor, porque ahí la demanda de energía y la de radiación del sol coinciden.

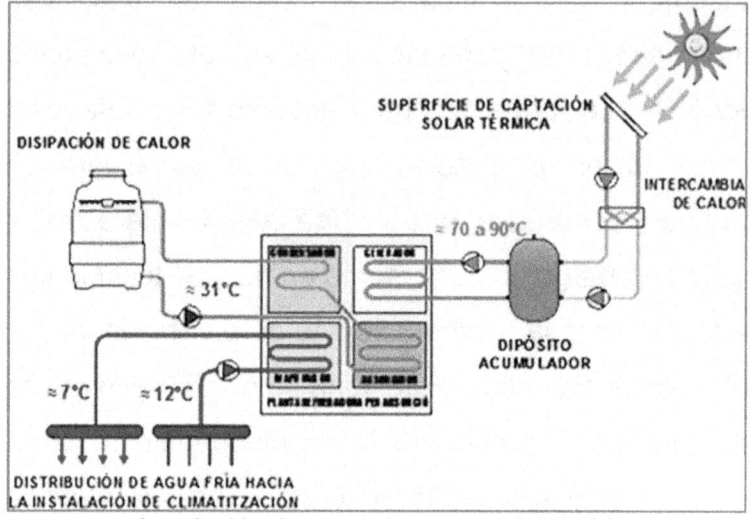

Instalación de un equipo generador de frío

Disposición de los captadores

El conexionado de los captadores es una de las piezas clave en el diseño de una instalación.

Esta conexión puede realizarse bien en serie, en paralelo o de forma mixta atendiendo a las necesidades de la Instalación. La conexión entre filas y entre captadores se realizará de tal forma que el circuito resulte equilibrado hidráulicamente.

Se recomienda realizar retorno invertido o en su defecto colocar válvulas de equilibrado.

Las características de cada conexión se detallan a continuación:

Conexión en serie: El fluido caloportador entra en el primer captador por la parte inferior del mismo, dicho fluido es calentado mientras circula de forma ascendente por su interior y sale de este primer captador por la parte superior para volver a introducirse en el segundo, y así sucesivamente en función del número de captadores conectados.

Por todos los captadores así conectados circula el mismo caudal, entregando una temperatura a la salida que corresponde al salto térmico del primer captador multiplicado por el número de captadores conectados en serie, aproximadamente, pues, al ir incrementándose la diferencia de temperatura respecto al exterior, el rendimiento será menor en el último captador de la serie.

Se aplica cuando existe poca radiación solar o cuando se precisan temperaturas altas a la salida de los captadores.

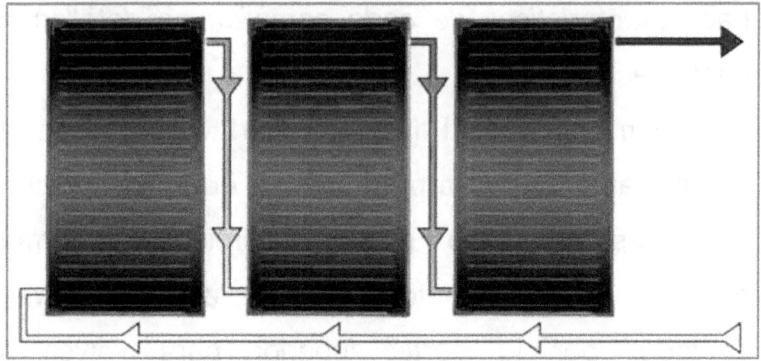

Captadores conectados en serie

Conexión en paralelo: Por cada captador circula de forma independiente el fluido caloportador, este fluido es calentado y llevado a un punto en común de todos los captadores. Con esta conexión el salto térmico que se genera en un captador es el mismo que el de la conexión de captadores en paralelo y el caudal es el que circula por un captador multiplicado por el número de captadores así conectados.

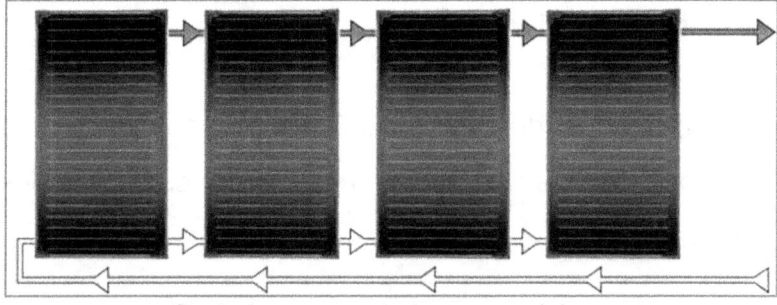

Captadores conectados en paralelo

Conexión mixta:

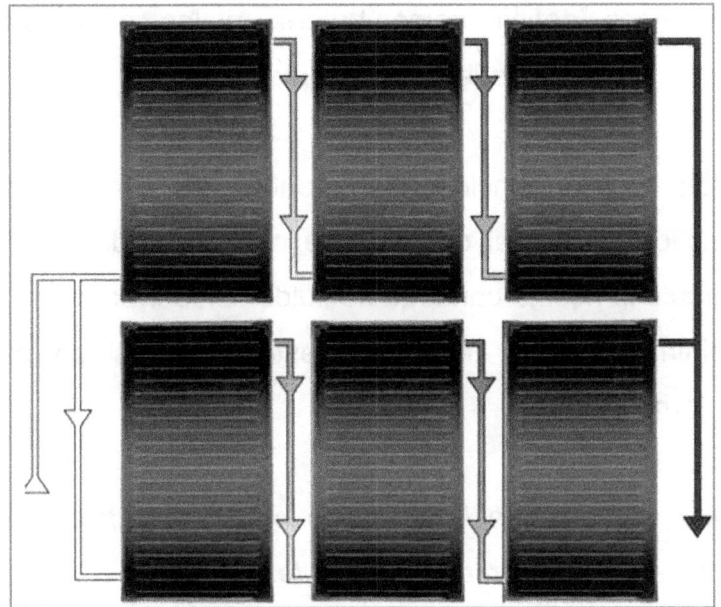

Captadores conectados en paralelo

Consiste en la conexión de varias baterías conectadas en paralelo con retorno invertido para equilibrar la instalación y en cada una de las baterías los captadores se conectan en serie.

Una combinación idónea si se pretende beneficiarse de las ventajas de las conexiones en serie y en paralelo.

Batería de captadores

Podemos definir como batería a los captadores conectados en serie o en paralelo.

Conseguir un funcionamiento óptimo de la instalación implica regular el caudal para que por cada batería circule la misma cantidad de fluido caloportador con la mínima pérdida de carga, esto se consigue con retorno invertido.

Una vez definida la conexión entre captadores hay que tener en cuenta los siguientes criterios:

El número de captadores en paralelo lo marca el fabricante, y el número de captadores en serie si la aplicación es de a.c.s variará en función de la zona climática marcada por el CTE.

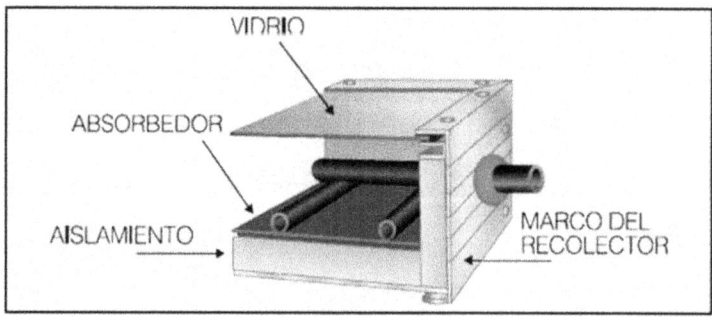

Corte de un colector solar plano.

Cálculos y dimensionamiento

Separación de los captadores

Hay que fijar una distancia mínima entre filas de captadores con el fin de que durante la exposición solar no se proyecten sombras entre sí.

El procedimiento a seguir de cara a definir las sombras que se van a proyectar en el campo de captadores atiende a lo que marca el CTE.

El siguiente diagrama muestra las trayectorias del Sol, de tal forma que cada sector representa el recorrido del Sol en un periodo de tiempo y con una irradiación solar anual.

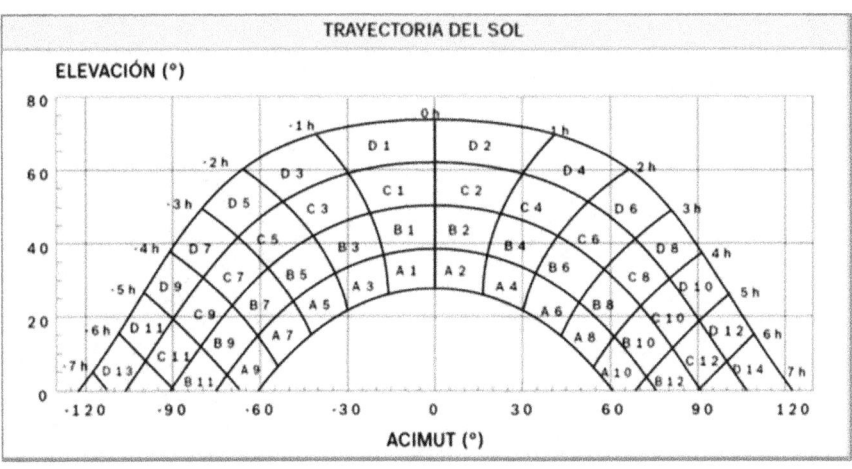

Conocido el perfil de obstáculos que puede generar sombra en el campo de captación y comparándolo con el diagrama aportado se definirá un porcentaje de pérdidas. Cuando el perfil no se proyecte totalmente sobre un sector se le aplicará un factor de llenado que será: 0.25, 0.5, 0.75 y 1 en función de cómo sea dicha ocupación.

Ejemplo: Se quiere valorar el porcentaje de pérdidas por sombreado sobre una instalación solar ubicada en Madrid.

Los datos de instalación en cuanto a inclinación es de 30° y orientación de 10° hacia el Este. Y el perfil de sombras como se indica:

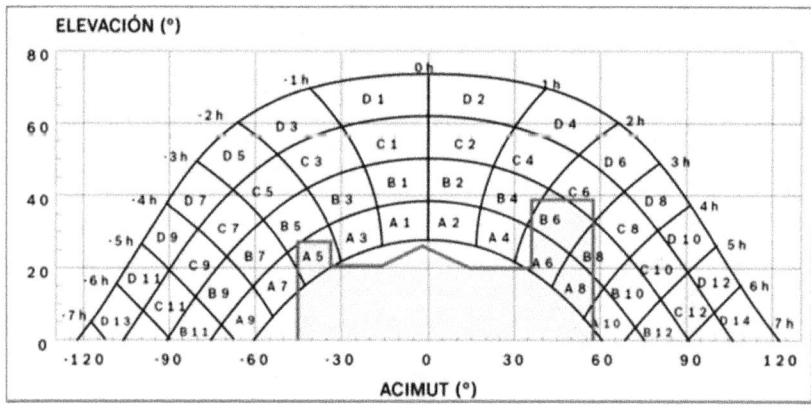

Tomando la *tabla de referencia de inclinación y orientación* que se ajusta más a las características de la instalación se valora el porcentaje.

	$\beta = 35°$; $\alpha = 0°$			
	A	B	C	D
13	0,00	0,00	0,00	0,00
11	0,00	0,01	0,12	0,44
9	0,13	0,41	0,62	1,49
7	1,00	0,95	1,27	2,76
5	1,84	1,50	1,83	3,87
3	2,70	1,88	2,21	4,67
1	3,17	2,12	2,43	5,04
2	3,17	2,12	2,33	4,99
4	2,70	1,89	2,01	4,46
6	1,79	1,51	1,65	3,63
8	0,98	0,99	1,08	2,55
10	0,11	0,42	0,52	1,33
12	0,00	0,02	0,10	0,40
14	0,00	0,00	0,00	0,02

β: ángulo de inclinación
α: ángulo de orientación

% pérdidas = 0.25*B4+0.5*A5+0.75*A6+B6+0.25*C6+ A8+0.5*B6+0.25*C6+A8+0.5*B8+0.25*A10=0.25*1.89 +0.5*1.84+0.75*1.79+1.51+0.25*1.65+0.98+0.5*0.99+ 0.25*0.11= 6,16% ~ **6%**

Del diagrama se interpreta que para una orientación hacia el sur (0°) y en el medio día solar la elevación máxima del sol corresponde aproximadamente a unos 28-29° (línea marcada en el diagrama):

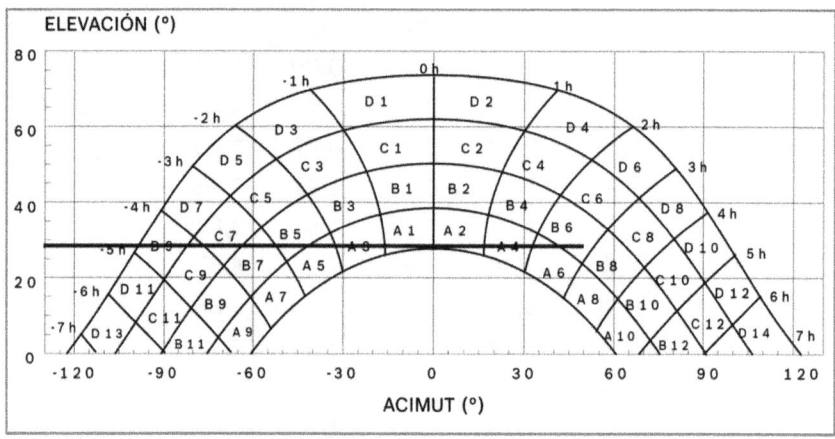

En este caso la distancia entre filas de captadores corresponde a:

$$d = h/ (\tan 61 - latitud)$$

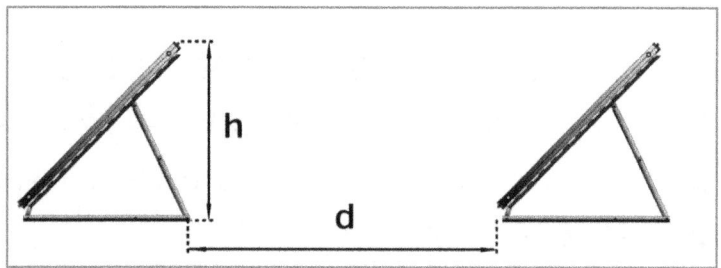

Una instalación de energía solar debe tener en cuenta las normas urbanísticas de cara a integrar la instalación en el edificio y que dicha integración no afecte al rendimiento de la instalación. En función del tipo de cubierta hay que seguir una serie de recomendaciones:

1. *Cubierta Inclinada*: La solución más óptima de ubicación de captadores sería optar por integración en tejado sin conexiones visibles o en su defecto sobre cubierta en los faldones de la misma sin salirse del plano y con la misma inclinación.

2. *Cubierta Plana*: En este caso la ubicación de captadores es más fácil y a lo que hay que prestar especial cuidado es que este tipo de cubiertas cuentan con un peto que puede provocar sombras.

3. *Integración en Fachada*: Cuando el espacio libre en cubierta no es suficiente se puede optar por ubicar los captadores en la fachada, con una cierta inclinación con respecto a la misma.

Para evitar las sombras que pueda producir un obstáculo sobre el sistema de captadores, hay que considerar que la distancia entre la primera fila de

captadores y el obstáculo de altura "a" será como mínimo:

$$d = \frac{a}{tg\ (61° - latitud)}$$

Superficie de captadores para la instalación de a.c.s.

Para definir la superficie total de captadores necesaria para la instalación, es necesario conocer la energía demandada y relacionarla con la energía útil disponible por unidad de superficie evaluada en un año. Para un correcto diseño el CTE marca la siguiente condición en cuanto la relación que se tiene que dar entre el volumen y el área de captación de cara a cubrir las necesidades de a.c.s:

50 < V/A < 180

Definiendo como A, la superficie total de captadores en m2 y V, el volumen del depósito que ha de coincidir con el consumo que se produce al día.

Si el aporte solar es bajo, disminuye la energía disponible por unidad de superficie y se reduce la

relación con respecto a lo que se obtendría de tener un aporte solar alto.

Ejemplo: Retomando el ejemplo iniciado anteriormente y una vez definida la radiación solar efectiva, se evalúa el aporte de energía solar en función del rendimiento del captador y de la superficie de captación necesaria.

La curva de rendimiento del captador para realizar el cálculo será la del modelo FKC-1S:

$$Ep \text{ (Kwh/m)} = 0.9 * \eta * Eu$$

$$\eta = 0.748 - 3.567 \text{ (Tm} - \text{Ta)} / I$$

Como ya se definió al principio del ejemplo, la temperatura de uso, Tm, es de 45 °C y la temperatura ambiente para el mes de abril en Zaragoza es de 16 °C. La intensidad radiante, I, definida en función de la energía solar efectiva en Wh y el número de horas de sol útiles recogidos en la tabla aporta un valor:

$$I = Eu / ST =$$

$$155700 \text{ Wh/m mes} / (8h \ 30 \ \times 2 \text{días}) =$$

$$648.7 \text{ Wh/m}^2$$

Por lo tanto el rendimiento del captador Junkers en estas condiciones en el mes de abril es:

$$\eta_{Abril} =$$

$$\left[0.748 - 3.567 \; (45 \; °C - 16 \; °C)/ \; 648.7\right]$$

$$Wh/m^2 \; x \; 100 = 59 \; \%$$

Con los resultados anteriores la aportación solar en el mes seleccionado es:

$$Ep_{Abril} \; (kWh/m^2) =$$

$$0,9^* \times 0,59^* \times 155,7 \; kWh/m^2 =$$

$$82,67 \; kW/m^2$$

Sería conveniente expresar la energía anterior en función de la superficie de captación real requerida para cubrir la demanda de energía, por lo tanto el primer paso es definir dicha superficie la cual viene expresada:

$$S_{captación} =$$

$$\left[E_{necesaria \; anual} \; (Kwh) \; / \; \left[\Sigma \; Ep_{anual} \; (Kwh) \; / \; S_{captador}\right]\right]$$

$$X \; \% \; Cobertura \; Solar$$

Para proseguir con el cálculo es necesario haber evaluado la energía necesaria anual, la cual vendrá dada de la suma individual de cada uno de los meses del año, así como conocer la energía anual aportada por el sol que se obtendrá mediante el mismo procedimiento.

El porcentaje de cobertura solar es un dato medio anual que define, en función de la energía demandada la cantidad de energía cubierta con la energía del sol evaluada en tanto por ciento. En este caso se pretende cubrir un 60%, ya que es el mínimo exigido por el CTE.

De esta forma el resultado obtenido es:

$$\text{Scaptación} = \left[E_{\text{necesaria anual}} \text{ (Kwh) } / \left[Ep_{\text{anual}} \text{ (Kwh / Scaptador)} \right] \right]$$

$$\text{X (\% Cobertura Solar / 100)}$$

$$\text{Scaptación} = \left[3309 \text{ Kwh } / \left[2063 \text{ Kwh } / 2.25 m^2 \right] \right] \text{ x }$$

$$(60/100) =$$

$$\mathbf{2.16 m^2}$$

Por lo tanto el número de captadores Junkers que requiere la instalación:

$$N^{\circ} \textbf{ Captadores =}$$

$$S_{cap} / S_{útil} = 2.16 \ m^2 / 2.25 \ m^2 = 0.96$$

Es decir, en este caso con un captador se va a cubrir la cobertura mínima exigida, por lo que la situación más real implica una superficie de captación de:

$$\textbf{Número de Captadores reales = 1}$$

$$S_{captación \ real} = 2.25 \ m^2$$

Conocida la superficie real de captación, la energía solar aportada expresada en kWh:

$$Ep_{Abril} \textbf{ (kWh) =}$$

$$Ep_{Abril} \textbf{ (kWh/m}^2\textbf{)} \times S_{captación \ real} =$$

$$\textbf{80,88 kWh/m}^2 \times \textbf{2,25 m}^2 =$$

$$\textbf{182 kWh}$$

Para terminar, se define la cantidad de energía auxiliar que tendrá que aportar uno de los equipos auxiliares Junkers:

Energía auxiliar $_{Abril}$ =

$$E_{necesaria\ Abril}\ (Kwh) - Ep_{Abril}\ (Kwh) =$$

$$266\ kwh - 182\ kwh =$$

$$84kwh$$

Lo que implica que la energía necesaria demandada en el mes de abril es mayor que la energía aportada por el sol en dicho mes, es decir que es necesario el apoyo de energía auxiliar en este mes.

Para terminar podemos definir con exactitud la cobertura solar ofrecida en este mes por el sol:

% Cobertura$_{Abril}$ =

$$\left[Ep_{Abril}\ (Kwh)\ /\ E_{necesariaAbril}\ (Kwh)\right]\ x\ 100 =$$

$$\left[182\ /\ 266\right] =$$

68,4 %

En los meses en los que la aportación solar sea mayor que la energía demandada el porcentaje de cobertura será mayor al 100%. Para normalizar y que al año la aportación solar anual coincida con el

consumo anual se fijará un 100% en los meses en los que se supere dicha cifra. Para terminar podríamos comprobar que los resultados se ajustan a los establecido en el en el CTE y que implica un correcto dimensionado. La condición a cumplir para la obtención de a.c.s. es:

$$50 < V/A < 180$$

A: La superficie total de captadores es de 2,25 m^2.

V: El volumen del depósito que ha de coincidir con el consumo que se produce al día y que equivale a 200 l/día.

El resultado de la relación es:

$$V/A = 200/2,25 = 88,8$$

Lo que indica que los resultados obtenidos cumplen el criterio adoptado por el CTE.

La orientación de los colectores preferentemente es con la cara frontal al Sur, donde con desviaciones entre 15° Este o 25° Oeste, no se altera sensiblemente la captación solar anual, adoptándose

en la Península Ibérica, los ángulos de inclinación de la tabla siguiente:

ÉPOCA DE UTILIZACIÓN	ÁNGULO DE INCLINACIÓN
ACS todo el año	Latitud del lugar
Calefacción los meses de invierno	Latitud del lugar (+10, - 15°C)
ACS meses de verano	Latitud del lugar (-10, -15°C)

Cálculo de la superficie colectora 2

Una vez calculados los consumos energéticos en cada mes se representa gráficamente en una curva o diagrama de consumo.

La inclinación óptima de los colectores depende de la utilización que se vaya a realizar de la instalación.

El cálculo de la superficie total colectora se realiza de manera que la aportación solar en el período en que la instalación está activa sea igual al consumo. Para obtener el número de colectores debe coincidir el consumo anual con la aportación solar.

La energía aprovechable de un día medio se obtiene a partir de la irradiación horizontal media en un día de cada mes, H: Este valor se ajusta si la instalación se encuentra en una zona montañosa o de atmósfera muy limpia (H*1'05) o si la zona tiene una aire muy

contaminado (H*0'95). Otras correcciones al valor H se realizan si hay obstáculos que proyectan sombras sobre los colectores o superficies reflectantes.

K = Valor de tabla. 0,94 = Coeficiente.

Con lo que *E* quedará:

$$E = k * H * 0'94$$

Además si la orientación se desvía x° del sur:

$$E' = E * (1,14 - 0,0085 * x)$$

La intensidad media útil es igual a

$$I = E (J) / T (seg.)$$

Cálculo del rendimiento de un colector

Cada colector funciona con un rendimiento dado por una tabla o ecuación que suministra el fabricante.

La ecuación teórica del rendimiento es:

$$\eta = b - m * (tm° - ta°)$$

Siendo:

b = La incidencia de los rayos al colector

m = La energía que pierde el colector,

tm° = La temperatura media del acumulador,

ta° = La temperatura ambiente.

b y m = Son constantes y el resto es variable a lo largo del día y en las distintas épocas.

Los fabricantes nos podrán proporcionar los valores constantes.

Cálculo de la cantidad de energía recibida en un colector

Se realiza una estimación de la energía que se va a recibir en un panel en función de la localización geográfica, de la inclinación del panel y del mes en el que se calcule. Sólo se trata de una estimación puesto que se trabaja con tablas estadísticas del lugar.

Para poder realizar este cálculo primeramente se consulta en la tabla la radiación estimada para el lugar en el mes (TRLm) indicado y se multiplica por un factor de corrección (FC) que dependiendo de dónde se sitúe el panel, localidad con mucha contaminación, normal o poco contaminado oscilará entre los valores 0'95,1 ó 1'05 respectivamente. Después se multiplicará por k que es otro factor de corrección que

estará en función de la inclinación del panel y la latitud del lugar. Si el valor de la energía necesitada se divide entre la energía obtenida de este cálculo, resultaría el número de paneles necesarios.

Fórmula final:

$$\frac{\textbf{Valor TRLm x FC x k}}{\textbf{Valor de la energía necesitada (Kcal)}}$$

Cálculo para la optimización en la orientación e inclinación de los colectores

En primer lugar debe fijarse uno de los dos parámetros, la orientación o la inclinación. Después consultando en la gráfica se obtiene entre que valores de orientación o de inclinación puede variar nuestro panel para conseguir un rendimiento deseado.

También puede utilizarse, si se saben esos dos parámetros, para saber si las pérdidas son inferiores a la máxima permitida.

Una vez que se sepa entre que valores de orientación puede estar el panel, hay que corregir esa graduación para la latitud del lugar, con las fórmulas:

Inclinación máxima: Inclinación Máx. - (41° - Latitud).

Inclinación mínima: Inclinación min. - (41° - Latitud).

Si se conoce la inclinación se sabrá entre que grados podrá oscilar con la fórmula:

Orientación:
Inclinación – (41° - Latitud)

Determinación de las pérdidas sufridas por las sombras

Cuando la sombra ocupe más del 5% del panel, el rendimiento obtenido estaría muy por debajo de lo esperado. Según la legislación de Madrid, no puede haber sombras a una altitud de 15° sobre el ángulo de elevación de los colectores. Este cálculo dependerá de la latitud, así en Canarias serían 25°.

Para el cálculo de las pérdidas por sombra se utilizan un gráfico (Ver CTE – HE4 y HE5) donde se representa el recorrido del sol en todas las épocas del año, debido a sus diferentes altitudes, se traslada el obstáculo a dicha gráfica y se van obteniendo los resultados de pérdidas por sombra.

Después el valor de cada una de las celdas se obtiene de unas tablas que varían en función de la orientación e inclinación del panel.

Determinación de la superficie necesaria 3

El primer punto a considerar será fijar la fecha del año en la que se utilizará la superficie de captación. En general con esto se intentaría determinar la superficie de colectores más rentable a las necesidades de la instalación.

Para hacer estas evaluaciones con exactitud deberíamos tener en cuenta además de las consideraciones técnicas, las puramente económicas.

Estos cálculos son difíciles, ya que las variables económicas son imprevisibles, por tanto se debe optar en todo cálculo, por hacer tres hipótesis:

1.- Determinación de las superficies necesarias cuando la radiación solar sea mínima (más desfavorable) con la menor utilización en este caso de energía de apoyo.

2.- Determinación de esta misma superficie cuando la radiación solar sea máxima (mes más favorable). Con esta solución el aprovechamiento de la superficie de captación es total, pero, en cambio, a excepción de este mes el resto necesitaría de apoyo.

3.- Realizar los cálculos para que durante el mes de Abril se cubran las necesidades totales. De esta forma garantizamos la captación total (teóricamente), durante seis meses, coincidiendo éstos con la temporada de verano.

En cualquier caso estas consideraciones se ven alteradas, pues se hacen independientemente de las disponibilidades de superficie y sin contar la proyección de sombra para instalar los colectores, que en una gran mayoría de casos, esto es, lo que condiciona el número de paneles.

La demanda de agua caliente necesaria es otra consideración de vital importancia, a la hora de determinar las superficies de paneles precisos para la instalación, siendo este dato el que marca la magnitud de la propia instalación.

La superficie de colectores necesaria se obtiene por la siguiente fórmula:

$$S = \frac{C\left(T_m - T_a\right)}{I_h \cdot K \cdot n}$$

Siendo:

S = Superficie de paneles necesarios (m²)

C = Consumo de agua caliente (l/día).

Tm = Temperatura media del panel (ºC).

Ta = Temperatura ambiental (ºC).

Ih = Radiación horizontal incidente (Kcal. /Día m²).

K = Factor de corrección.

n = Rendimiento del colector solar.

Ejemplo de cálculo 1

Determinar el número de paneles necesarios de 1,5 m² de superficie, para utilizar en una instalación de ACS en Madrid, con una temperatura media del panel de 50 ºC, suponiendo que éste tiene un rendimiento de 0,55 y que la instalación demanda unos 2.000 litros diarios.

Consideramos los meses de utilización de Abril a Septiembre

La inclinación de los paneles podría ser:

40 + 10 = 50º

La radiación incidente (tablas) sería:

Abril	Mayo	Junio	Julio	Agosto	Septiembre
4.672	5.063	5.623	6.183	5.493	3.852

Si están en KJ convertir a Kcal. (Ver conversión al final del libro en tablas de unidades).

Tomaremos la del mes más desfavorable, en nuestro caso Abril ya que tiene la menor temperatura exterior media (12,7 ºC).

Ih = 4.672 Kcal/día m² (temperatura exterior media 12,7 = 13 ºC).

Factor de corrección debido a la inclinación del colector (K = 1,05).

Radiación corregida: 4.672 x 1,05 = 4.906 Kcal/día m².

Nº de horas de sol diarias: 232/30 = 8 horas/día.

Promedio de radiación horaria sobre el colector inclinado (I):

$$I = \frac{I_h \cdot K}{N} = \frac{4906}{8} = 613$$

Superficie de paneles necesaria (S):

$$S = \frac{2000(50 - 13)}{4672 \cdot 1,05 \cdot 0,55} = 27,4 m^2$$

Nº de paneles precisos (N):

N = 27,4 / 1,5 = 18 paneles

Ejemplo de cálculo 2

Otro procedimiento de cálculo, lo proporcionan los fabricantes de paneles solares, como por ejemplo "Roca", el cual divide España en las siguientes zonas:

Valores promedio de la radiación total anual

kW/m² día

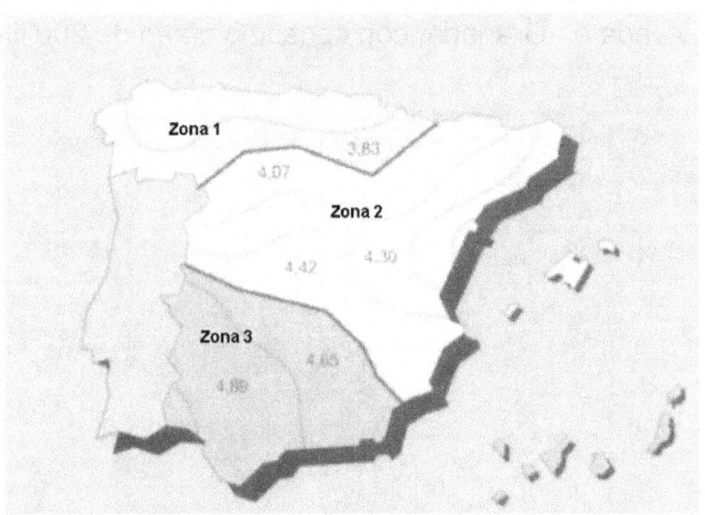

El número de colectores necesarios para obtener un ahorro sobre el coste anual total para el calentamiento del agua sanitaria es:

Consumo litros (*)	Zona 1			Zona 2			Zona 3		
	25%	50%	75%	25%	50%	75%	25%	50%	75%
	Tasa de cobertura			Tasa de cobertura			Tasa de cobertura		
100	1	1	2	1	1	1	1	1	1
200	1	2	3	1	2	3	1	2	2
300	2	3	4	1	3	4	1	2	3
400	2	4	6	2	3	5	2	3	4
500	3	5	7	2	4	6	2	4	5

(*) Consumo diario en litros a 45°C
Tabla con valores orientativos

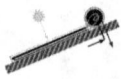

Cuantos colectores harán falta para ahorrar el 50 % del coste anual para la producción de ACS, en una vivienda en Granada, con consumo diario de 200 litros a 45º C.

Valores promedio de la radiación total anual

kW/m² día

Granada - Zona 3

3,83
4,07
4,42
4,30

Consumo litros (*)	Zona 1			Zona 2			Zona 3		
	25%	50%	75%	25%	50%	75%	25%	50%	75%
	Tasa de cobertura			Tasa de cobertura			Tasa de cobertura		
100	1	1	2	1	1	1	1	1	1
200	1	2	3	1	2	3	1	2	2
300	2	3	4	1	3	4	1	2	3
400	2	4	6	2	3	5	2	3	4
500	3	5	7	2	4	6	2	4	5

(*) Consumo diario en litros a 45 C
Tabla con valores orientativos

Ejemplo de cálculo 3

Programa de cálculo solar térmico

ESCOSOL SD1, es una herramienta para la predicción y el diseño de instalaciones de energía solar térmica, que ha sido desarrollado, conjuntamente con SALVADOR ESCODA, y está basado en el TRANSOL, programa de reconocido prestigio de simulación dinámica (cálculos con pasos de una hora o menores) que ha sido desarrollado en base a la herramienta de simulación TRNSYS.

Con ESCOSOL SD1, pueden seleccionarse hasta 14 configuraciones básicas de sistemas solares que completan más de 40 variantes de instalaciones tipo, todas ellas se describen con detalle en al apartado correspondiente.

El programa, permite actuar sobre todas las variables de la instalación:

Datos climatológicos (zonas), necesidades de ACS, tipo de captador solar, acumulación estimada, tuberías, aislamiento térmico, etc.

Para que puedan comprobar las prestaciones del programa ponemos a su disposición, en nuestra página web: www.salvadorescoda.com de manera gratuita, un PROGRAMA DEMO que, con el manual de usuario que adjuntamos, les permitirá conocer con detalle todas sus posibilidades.

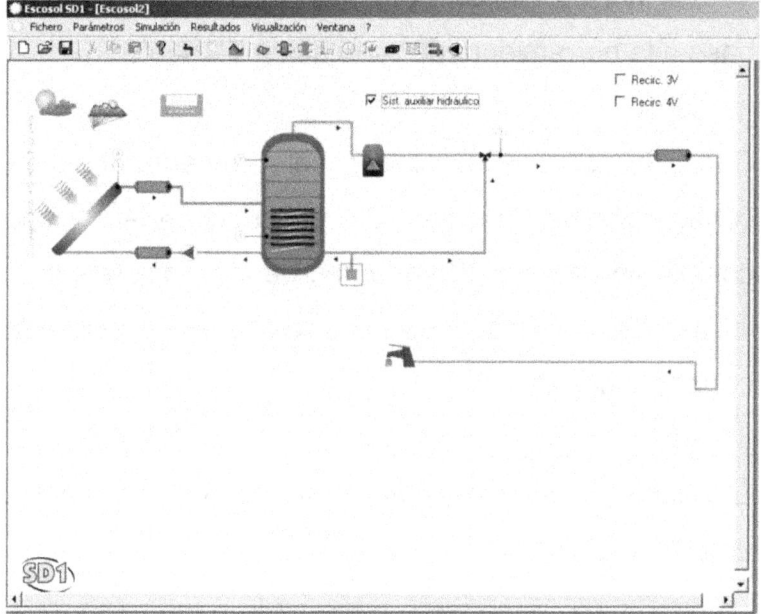

Captura del programa

Proyecto
Instalación unifamiliar solar térmica

1. <u>Memoria técnica</u>

-*Datos de partida*

-*Cálculo de la carga de consumo*

-*Dimensionado de la superficie de captadores*

-*Dimensionado del volumen del acumulador*

-*Selección de la configuración básica del proyecto*

-*Selección del fluido caloportador*

-*Diseño del sistema de captación*

-*Diseño del sistema de intercambiador-acumulación*

-*Diseño del circuito hidráulico*

-*Tuberías*

-*Bomba de circulación*

-*Vaso de expansión*

-*Purgadores y desaireadores*

-*Sistema de regulación y control*

-*Aislamiento*

2. <u>Presupuesto</u>

3. <u>Estudio de viabilidad económica</u>

4. <u>Manual</u>

-Operaciones de mantenimiento a realizar por el usuario

-Operaciones de mantenimiento a realizar anualmente por personal especializado

5. Pliego de condiciones técnicas

-Descripción de las obras

-Colectores

-Depósito de acumulación

-Tuberías de circuitos y demás elementos

-Recepción colectores-estructura

-Condiciones que deben satisfacer los materiales

-Materiales

-Reconocimiento de los materiales

-Ejecución de las obras

-Obras

.Replanteo

-Desperfectos en las propiedades colindantes

-Mediciones y valoraciones

-Replanteo

-Abono de las obras

-Comienzo de las obras

-Responsabilidades en la ejecución

6. Esquemas y Planos

1- Memoria

Datos de partida

El objeto de este proyecto es dotar de una instalación para el calentamiento de agua sanitaria por medio de energía solar a una vivienda unifamiliar situada en Boadilla del Monte en la provincia de Madrid.

La unidad familiar está compuesta por 5 miembros que habitan la vivienda los 12 meses del año.

La vivienda es de tipo chalet, construida en la década de los ochenta. Consta de tres plantas y sótano, con cubiertas inclinadas de teja vieja, una de las cuales presenta una orientación próxima al sur en la que se instalaran los colectores. No hay objetos que puedan proyectar sombra sobre la superficie de los colectores. La casa está dotada de una caldera para calefacción y ACS de propano, la cual consta de un acumulador para el agua caliente. Esta vivienda no fue pensada para albergar una instalación de estas características y la disposición de los espacios para albergar los diferentes componentes están muy alejados entre sí, lo que obliga al empleo de grandes longitudes de tubería.

Cálculo de la carga de consumo

- Se estima un consumo de agua caliente de 70 litros = 0,07 m³ por persona y día.

- El consumo total diario en será pues de 0,07 x 5 = 0,35 m³ por día.

- Tomaremos como temperatura de consumo 45° C.

Con los datos disponibles procedemos al cálculo de la hoja de carga (cálculo de las necesidades térmicas para cada mes).

	1	2	3	4	5	6
	OCUPACION %	CONSUMO MENSUAL (m3)	TEMPERATURA DE RED	SALTO TERMICO	NECESIDAD ENERGETICA EN TERMIAS	NECESIDAD ENERGETICA MENSUAL MEGAJULIOS
ENERO	100	10.85	6	39	423.1	1770.2
FEBRERO	100	9.8	7	38	372.4	1558.1
MARZO	100	10.85	9	36	390.6	1631.1
ABRIL	100	10.5	11	34	357	1493.6
MAYO	100	10.85	12	33	358.05	1498.08
JUNIO	100	10.5	13	32	336	1405.8
JULIO	100	10.85	14	31	336.3	1407
AGOSTO	100	10.85	13	32	347.2	1452.6
SEPTIEMBRE	100	10.5	12	33	346.5	1449.7
OCTUBRE	100	10.85	11	34	368.9	1543.4
NOVIEMBRE	100	10.5	9	36	378	1581.5
DICIEMBRE	100	10.85	6	39	423.15	1770.4

En la cual:

-La primera columna representa el porcentaje de ocupación de la vivienda en cada mes.

-La segunda columna el consumo de agua caliente al mes en metros cúbicos.

-La tercera hace referencia a la temperatura media del agua de red en la provincia de Madrid.

-La cuarta columna representa el salto térmico, diferencia de temperatura entre el agua de red y la temperatura del agua de consumo. (45 grados).

-La quinta y sexta columnas representan el aporte energético necesario para elevar el volumen de agua consumido a la temperatura requerida.

Dichas cantidades se han calculado aplicando la fórmula:

$$Q = M.Ce.\Delta t$$

Siendo:

M: Masa

Ce: Calor específico

Δt: Incremento de temperatura

Dimensionado de las superficies de los captadores

Para el cálculo de la superficie de captadores emplearemos el programa informático Censol 5.0 (©

Progensa 1998-2005) considerando los siguientes datos de partida:

-La inclinación se ha tomado igual al de la cubierta en que se instalaran los colectores, siendo esta de 21 grados.

-La óptima para esta instalación se calculó igual a 50 grados, pero debido al excesivamente negativo impacto estético que produciría la colocación de los soportes que garantizaran dicha inclinación, se optó por dejar la inclinación de la cubierta.

-La desviación con respecto al Sur geográfico se ha medido en 24 grados. Dentro de los límites permitidos por el RITE.

-Para Corrección de H y para el porcentaje de pérdidas globales, se han tomado los valores generales, es decir 1.00 y 15 respectivamente.

-El consumo diario por persona y día se ha tomado igual a 70 litros.

-Para el campo de colectores se ha seleccionado el modelo de colector NORDSOL1, homologado por la UE según normativa ISO-9806-1, que tiene un área de captación de 2,01 y unos valores b = 0.83 y m = 4.80.

Con estos datos obtenemos los siguientes resultados:

```
Programa Censol 5.0 (© Censolar): «solar térmica (A.C.S.)»

Nombre del proyecto: (sin nombre)

Ubicación: MADRID

Latitud (°): +40
Inclinación (°): 21
Desviación N-S (°): 24
Corrección de H: 1.00
Pérdidas globales (%): 15
Tª de acumulación (°C): 45
Consumo diario (l): 350
Parámetro b del colector: 0.83
Parámetro m del colector: 4.80
Superficie del colector (m²): 2.01
```

Proceso numérico del cálculo general:

	1	2	3	4	5	6	7	8	9	10	11	12
ENE:	100	10.9	6	39	425	1776	57	6.70	6.70	1.26	7.8	8.00
FEB:	100	9.8	7	38	372	1555	56	10.60	10.60	1.21	11.8	9.00
MAR:	100	10.9	9	36	392	1639	53	13.60	13.60	1.15	14.4	9.00
ABR:	100	10.5	11	34	357	1492	50	18.80	18.80	1.08	18.7	9.50
MAY:	100	10.9	12	33	360	1505	49	20.90	20.90	1.03	19.8	9.50
JUN:	100	10.5	13	32	336	1404	47	23.50	23.50	1.01	21.8	9.50
JUL:	100	10.9	14	31	338	1413	46	26.00	26.00	1.03	24.6	9.50
AGO:	100	10.9	13	32	349	1459	47	23.10	23.10	1.09	23.2	9.50
SEP:	100	10.5	12	33	346	1446	48	16.90	16.90	1.17	18.2	9.00
OCT:	100	10.9	11	34	371	1551	50	11.40	11.40	1.27	13.3	9.00
NOV:	100	10.5	9	36	378	1580	53	7.50	7.50	1.33	9.2	8.00
DIC:	100	10.9	6	39	425	1776	57	5.90	5.90	1.32	7.2	7.50

	13	14	15	16	17	18	19	20	21	22
ENE:	271	6	69.1	0.0	0.00	0.00	0.0	0	0	1776
FEB:	364	8	48.8	29.2	3.45	2.93	82.0	632	41	923
MAR:	444	11	36.8	41.2	5.93	5.04	156.2	1204	73	435
ABR:	547	13	28.1	49.9	9.33	7.93	237.9	1833	100	0
MAY:	579	18	22.4	55.6	11.01	9.36	290.2	2237	100	0
JUN:	637	23	16.6	61.4	13.39	11.38	341.4	2631	100	0
JUL:	719	28	11.3	66.7	16.41	13.95	432.4	3332	100	0
AGO:	678	26	13.5	64.5	14.90	12.67	392.8	3027	100	0
SEP:	562	21	20.5	57.5	10.46	8.89	266.7	2055	100	0
OCT:	410	15	35.1	42.9	5.71	4.85	150.3	1158	75	393
NOV:	319	11	51.2	26.8	2.47	2.10	63.0	486	31	1094
DIC:	267	7	68.3	0.0	0.00	0.00	0.0	0	0	1776

Demanda anual (MJ): 18596

Producción anual (MJ/m²): 2413

Superficie colectora (m²): 7.7

N° de colectores: 4

Déficit energético (MJ): 6397

Aportación solar (%): 65.6

Dónde:

-Columna 1 a 6: Coincide con los puntos 1 a 6 de la hoja de carga del primer punto.

-Columna 7: Necesidad energética diaria en Megajulios.

-Columna 8: Valor de H = Energía incidente solar en Megajulios en un m2 horizontal.

-Columna 9: Valor de H corregido dependiendo condiciones ambientales, para esta instalación no se altera el valor de la columna 8.

-Columna 10: Valor del coeficiente de corrección K para una latitud L= +40 y una inclinación 21.

-Columna 11: E = 0.94KH.

-Columna 12: Número de horas de sol útiles.

-Columna 13: Intensidad media útil I, en W/ m2, se obtiene dividiendo la columna 11 (Pasada a julios) entre la columna 12 (pasada a segundos).

-Columna 14: temperatura ambiente durante las horas de sol.

-Columna 15: Parte de la ecuación de rendimiento 100m (45-ta)/I.

-Columna 16: Rendimiento real del colector expresado en %. Se calcula a partir del rendimiento teórico.

Rendimiento =

100 [0.83 – 4.8 (t-ta)/I] = 83 – 480 (t-ta)/I

Al tratarse de un colector con cubierta destinado a la obtención de ACS el factor b se corrige multiplicando por 0.94.

-Columna 17: aportación energética por cada m^2 de colector (producto de las Columnas 11 y 16, esta última previamente dividida entre 100).

-Columna 18: producto de las columna 17 por 0.85 factor corrector que tiene en cuenta las pérdidas del acumulador.

-Columna 19: Energía neta disponible al mes por m^2.

En este punto ya es posible calcular el área de superficie colectora necesaria. Para ello dividimos los valores de la suma de la columna 6 entre los de la suma de la columna 9, cuyo resultado es 7.7 m^2. Como cada colector tiene una superficie de 2,01 m^2, serían necesarios 3.8 colectores, que por redondeo situaremos en 4 colectores.

La superficie colectora real de la instalación es de:

4 colectores x 2,01 m^2 = 8.04 m^2

-Columna 20: Se obtiene multiplicando la superficie real de colectores por la energía neta que produce cada m^2 disponible para el consumo (columna 19).

-Columna 21: % de sustitución. Representa el tanto por cierto de la necesidad energética que es satisfecha por la aportación solar (columna 20/columna 6) x 100.

-Columna 22: Déficit energético. Columna 6 - Columna 20. Representa la energía auxiliar que hay que aportar los meses en los que la energía solar no es suficiente para cubrir el total de la necesidad.

La suma de los valores de la columna 22 representa la energía auxiliar que necesitaremos en un año. La proporción de energía auxiliar total necesaria será igual a: 34,4%.

-Déficit energético (Suma columna 22) = 6399 MJ.

-Demanda energética (suma columna 6) = 2413 x 4 = 9652 MJ.

$$6399/ 9652 = 0.34 \times 100=$$

34% de déficit energético

Por lo tanto el ahorro energético debido al aporte solar será:

Aporte solar = 100 - 34 = 66%

Dimensionado del volumen del acumulador

Para dimensionado del acumulador aplicaremos el volumen idóneo en 70 litros por m^2 de colector.

Teniendo en cuenta que la instalación constara de una superficie total de colectores de 8,04 m^2, el volumen del acumulador será por tanto 8,04 x 75 = 603 litros. Elegiremos un acumulador de **600 litros**.

Selección de la configuración básica del Proyecto

La instalación constara de las siguientes características:

-Circulación forzada por medio de un electrocirculador.

-Sistema de intercambiador de calor en el acumulador solaR. Imposibilidad de uso del sistema directo debido a los altos riesgos por congelación en invierno, siendo además este sistema desaconsejado desde el punto de vista sanitario.

-Sistema con dos acumuladores:

El primero acumula la energía solar procedente de los colectores. *Un segundo*, alimentado por el primero, ubicado en la caldera central de la casa, es en el que se aplica la energía auxiliar de gas propano de la caldera. Si el aporte solar es suficiente el agua caliente del acumulador solar pasara directamente al consumo.En caso de aporte solar insuficiente, el agua precalentada del acumulador solar pasará al acumulador de la caldera en el que se aportara la energía necesaria para lograr la temperatura necesaria.

-Circuito primario cerrado

Selección del fluido caloportador

Debido a la climatología del lugar, con alto riesgo de heladas en invierno, se ha optado por un sistema con circuito primario cerrado con intercambiador de calor.

-El fluido caloportador que circulara por el circuito primario será una mezcla de agua y anticongelante (propilenglicol).

-La proporción de anticongelante lo determinará la temperatura mínima que deba de soportar la instalación.

-La temperatura mínima histórica en Madrid es de -16 grados, no obstante dotaremos al sistema de la capacidad para soportar 5 grados por debajo de esta temperatura mínima histórica es decir -23 grados. Para ello, necesitaremos una proporción del 40 % según la tabla. En dicha proporción el calor específico para una temperatura de 45 grados es de 0.91 Kcal/kg por grado centígrado y la viscosidad de 1.8 centipoises.

-En el rango de temperaturas de trabajo de la instalación, el calor específico no bajara de los 0.8 Kcal/kg por grado centígrado.

Diseño del sistema de captación

Como ya se mencionó los colectores se instalarán con una inclinación de 21 grados y una orientación 24 grados desviados con respecto al Sur.

El modelo de colector elegido es el NORDSOL 1 comercializado en España por Europea de Técnicas ambientales SL. Que presenta las siguientes características:

-Ecuación del rendimiento. = 0,826 - 4,80 (tm - ta) / I

-Producción máxima diaria: 13,7 kWh

-Tamaño exterior: 106 cm x 205 cm x 8 cm.

-Tamaño útil de captación: 2,01 m2

-Absorbedor: Plancha canalizada de alta resistencia de acero INOX.

A.I.S.I. 316 de 2 x 0,7mm, construcción en canales en laberinto (entrecruzados), ideal para instalación en vertical o apaisada.

-Capa selectiva: Óxido de Níquel sin Cromo (ecológica; la misma que se utiliza para los paneles solares en los vuelos espaciales y que aguanta temperaturas de más de 300°C.)

-Capacidad térmica: 22,1kJ/°K

-Absortividad: 0,98

-Emisividad: 0,11

-Juntas: Butilo y silicona de alta resistencia.

-Ventilación interna: natural a presión atmosférica

-Peso vacío: 49 kg.

-Contenido líquido: 2,4 litros. (1,194 litros/ m2)

-Aislamiento posterior: 50 mm lana de roca. (Rockwooll).

-Aislamientos laterales: 20 mm lana de roca.

-Vidrio especial: templado (endurecido) de 3,2 mm de espesor y con bajo contenido de hierro, prismático extra blanco.

-Marco: Acero inox. A.I.S.I. 304.

-Fondo: Chapa aluminio.

-Conexiones: 2 de 50mm x Ø15mm para uniones a presión tipo Conex / bicono.

-Ubicación de las conexiones: En diagonal

-Orificio interno para sonda: opcional de Ø 6 mm.

-Presión de prueba constante: 2,5 bares

-Presión de funcionamiento: 1,5 bar (recomendado)

-Caudal recomendado: 2,4 litros por minuto

Los cuatro paneles se disponen en serie, formando un circuito de retorno invertido.

Los colectores se fijaran con tornillería de acero inoxidable, sobre 5 muretes de hormigón armado. De dimensiones 200 cm x 20 cm x 20 cm.

Diseño del sistema del intercambiador-acumulador
Según se calculó en un punto anterior necesitamos un acumulador de 600 litros.

Optaremos por sencillez, por un acumulador que incluya intercambiador. Se ha elegido el modelo de acumulador SB 600 AC de STIEBEL ELTRON el cual presenta las siguientes características:

-Capacidad: 600 litros

-Altura: 1.65 m

-Diámetro con aislamiento: 0,95 m

-Peso en vacío: 160 Kg

-Espesor del aislamiento 100 mm

-Superficie intercambiador: 2,3 m2

-Dotado de instalación de sondas para regulación de temperatura

-Sistema de apoyo de resistencia eléctrica.

Se aconseja que la superficie del intercambiador se sitúe entre 1/4 y 1/3 de la relativa a los colectores. Teniendo en cuenta que la superficie de captadores

es de 8 m2, la superficie de intercambio deberá situarse entre 2 y 2,6 m2, requisito que cumple este acumulador.

Diseño del sistema hidráulico

Tuberías

El material utilizado para las tuberías será el cobre tanto en el circuito primario como en el secundario Para calcular el diámetro de las tuberías utilizaremos la siguiente expresión:

$$D = j.C^{0.35}$$

De donde:

D = Diámetro en cm

C = Caudal en m^3/h

J = 2.2 para tuberías metálicas

Para calcular el diámetro hemos de obtener previamente el caudal al que trabajara la instalación. El fabricante de los paneles recomienda un caudal de 2,4 litros/minuto en los casos en que el fluido caloportador sea el agua. En el caso de nuestra instalación, dicho valor habrá que dividirlo entre el

calor específico de la mezcla de agua y anticongelante por lo tanto:

2,40/0,91 = 2,64 litros/min x 4 paneles =

10,56 l/min = 0,63 m3/h

A continuación ya obtenidos los datos procedemos a resolver la ecuación antes planteada:

D = 2,2 x 0,63 elevado a 0,35 =

1,87 cm = 18,7 mm

Tomaremos la tubería normalizada de 18/20 mm.

A continuación se ha de comprobar que con el diámetro escogido cumplen las siguientes condiciones:

-La pérdida de carga por metro lineal de tubo no supere los 40 mmcda.

-La velocidad de circulación del líquido ha de ser inferior a 1,5 m/s.

-La pérdida de carga total del circuito no ha de superar los 7 mmcda.

Para determinar la pérdida de carga debida al rozamiento y la velocidad del fluido caloportador

acudimos al ábaco de pérdida de carga, en el cual obtenemos una pérdida de carga de 35 mmcda

Como el fluido utilizado es diferente al agua hemos de aplicar un factor corrector igual a la raíz cuarta del cociente entre la viscosidad de la disolución y la del agua a la temperatura considerada, en nuestro caso 45 grados.

El factor de corrección que obtenemos al realizar dicho cálculo es 1,35 por lo tanto:

$$35 \times 1,35 = 47.25 \text{ mm.c.d.a.}$$

Valor que excede de los 40 mmcda por metro, lo cual no es válido, tendremos pues que recurrir a un diámetro de tubería normalizada superior, en este caso se ha calculado que el más adecuado, tras realizar estimaciones con otros diámetros, es de 26/28, que en la tabla nos da un valor de perdida de carga de 5.5 mmcda por metro lineal.

Al aplicar el factor de corrección por ser un fluido diferente al agua da un valor de:

5.5 x 1.35 = 7.42 mm.c.d.a.

Valor inferior a 40 mmcda y por lo tanto aceptable.

En el mismo ábaco obtenemos también una velocidad de circulación de v = 0.35 m/s que también cumple los requisitos.

Para hallar la pérdida de carga total de las tuberías lineales multiplicamos el valor de perdida de carga por metro lineal de tubería por los metros totales de la instalación:

7.42 x 59 = 438 mmcda = 0.43 m.c.d.a.

A continuación procedemos a calcular la pérdida de carga total de la instalación que es el resultado de la suma de la perdida de carga lineal ya calculada más la perdida de carga de las singularidades.

Para estimar la perdida de carga de las singularidades, reduciremos cada una de ellas a longitud equivalente de tubería.

SINGULARIDAD	LONGITUD EQUIVALENTE	CANTIDAD	TOTAL
Derivación en T	2.2	13	28.6
Codos de 90 grados	1.5	17	25.5
Llaves de bola	1	4	4
Válvula antirretorno	10	2	20
Entrada acumulador	1.5	1	1.5
Salida acumulador	1	1	1
			TOTAL 80.6

La pérdida de carga de las singularidades es:

80.6 x 25.65 = 2067.39 mm.c.d.a. =

2.06 m.c.d.a.

La pérdida de carga total será pues de:

2.06 + 0.43 = 2.49 mcda

Valor que cumple con los requisitos al ser inferior a 7 m.c.d.a.

Tal como se indica en las especificaciones técnicas, el circuito hidráulico cumplirá las siguientes condiciones:

-Trazado de tuberías con retorno invertido para garantizar que el caudal se distribuya uniformemente entre los captadores.

-Bomba de circulación en línea, en la zona más fría del circuito y en tramo de tubería vertical.

-El vaso de expansión de conectará a la aspiración de la bomba.

-El circuito irá provisto de válvulas de seguridad taradas a una presión que garantice que en cualquier punto del circuito no se superará la presión máxima de trabajo de los componentes.

-Se colocarán sistemas antirretorno para evitar la circulación inversa y en la entrada de agua fría del acumulador solar.

-El circuito incorporará un sistema de llenado manual que permitirá llenar y mantener presurizado el circuito.

-Se montarán válvulas de corte para facilitar la sustitución o reparación de componentes sin necesidad de realizar el vaciado completo de la instalación. Estas válvulas independizarán baterías de captadores, intercambiador de calor, acumulador y bomba.

-Se instalarán válvulas de corte a la entrada de agua fría y salida de agua caliente del depósito de acumulación solar.

-Se instalarán válvulas que permitan el vaciado total o parcial de la instalación.

-En cada zona de la batería de captadores en la que se hayan situado válvulas de corte se instalarán válvulas de seguridad.

-En los puntos altos de la salida de baterías de captadores se colocarán sistemas de purga constituidos por botellines de desaireación y purgador manual o automático.

-En el trazado del circuito se evitan en lo posible los sifones invertidos y caminos tortuosos que faciliten el desplazamiento del aire atrapado hacia los puntos altos de la instalación.

-Los trazados horizontales de tubería tendrán siempre una pendiente mínima del 1 % en el sentido de la circulación.

-Las tuberías y accesorios se aislarán y protegerán con materiales que cumplan las normas especificadas.

Bomba de circulación

Realizamos un cálculo aproximado de la potencia del electrocirculador mediante la siguiente expresión:

P = Caudal x perdida de carga de la instalación =

$$P = C \times \Delta p$$

Para el cálculo de las pérdidas de carga acudiremos a los datos suministrados por los fabricantes de los diferentes componentes:

-Colectores: el fabricante nos proporciona el dato de 275 mm CA a 20°C con el caudal recomendado. Como disponemos de 4 paneles es paralelo emplearemos la siguiente expresión:

$$\Delta pt = \Delta p \ N \ (N +1)/4$$

Siendo

Δpt= pérdida carga total grupo.

Δp = pérdida de carga de un panel.

N = Número de colectores.

Por lo tanto:

$$\Delta pt = (275 \times 4 \times 5) / 4 = 1375 \ mm.c.d.a.$$

-Intercambiador: El fabricante del acumulador nos proporciona una pérdida de carga para el intercambiador de 280 hectopascales = 2800 mm.c.d.a. la pérdida de carga total que ha de vencer el electrocirculador será pues de:

$$2.49 + 2.8 =$$

$$5.28 \text{ m.c.d.a.} \times (9800 \text{ N/m}^2)/ \text{ 1Mca} =$$

$$51842 \text{ N/ m}^2$$

Despejando la ecuación anteriormente mencionada:

$$C = 0.63 \text{ m}^3/h = 0.000175 \text{ m}^3/\text{seg.}$$

$$P = 0,000175 \times 51842 = 9.07 \text{ W}$$

Este valor simboliza la potencia teórica. Dado que se trata de un electrocirculador de pequeña potencia, la potencia real será aproximadamente un 75 % mayor.

Procederemos a calcularlo con la siguiente expresión:

$$Pn = P/0.25 = 9/0.25 = 36 \text{ W}$$

Colocaremos entre la tubería de aspiración y la de impulsión de la bomba, un manómetro en bypass, para poder medir la perdida de carga de la instalación.

Vaso de expansión

Emplearemos en la instalación un vaso de expansión cerrado, que dimensionaremos mediante la siguiente expresión:

$$V = Vt \, (0,2 + 0,01h)$$

Siendo:

Vt = Capacidad total circuito primario.

Vh= diferencia de altura entre el punto más alto del campo de colectores y del vaso de expansión a continuación procedemos a calcular la capacidad aproximada del circuito primario en sus diferentes elementos:

-Colectores: el fabricante nos remite a una capacidad de 2.4 l por unidad 2.4 x 4 = 9.6 litros.

-Intercambiador: Según las especificaciones técnicas proporcionados por el fabricante la capacidad del intercambiador térmico es de 1,7 litros.

-Volumen de las tuberías: con una tubería de diámetro interno de 26 mm y una longitud de 59 m hallaremos la capacidad mediante las siguientes expresiones:

$$S = \pi \, r^2 = S = 3{,}14 \times 0{,}00169 = 0{,}00053 \text{ m}^2$$

$$V = S \times h = V = 0{,}00053 \times 59 = 0.0312 \text{ m}^3$$

$$0.0312 \text{ m}^3 = 31.27 \text{ litros}$$

Por lo tanto la capacidad total será aproximadamente de:

$$31{,}2 + 9{,}6 + 1{,}7 = 42{,}5 \text{ l}$$

Teniendo en cuenta que el valor de h = 6,3 estamos en disposición de calcular el volumen del vaso de expansión:

V = 42,5 (0,2 + 0,01 x 6,3) =11.2= 12 litros

Elegiremos el vaso de expansión que más se aproxime a este volumen.

Purgadores y desaireadores

El sistema dispondrá de un sistema de purga de aire en la parte más elevada de la batería de colectores.

El volumen útil del botellín de desaireación será de 15 cm^3 por cada m^2 de colector.

En la instalación que nos ocupa será por tanto:

15 x 8 = 120 cm^3

Sistema de regulación y control

El sistema de regulación dispondrá de los siguientes elementos:

-Sistema de control

-Tres termostatos situados: (1) Uno en la salida de los colectores, (2) otro situado antes de la válvula de conmutación, y (3) otro en el acumulador.

-Válvula de conmutación.

El termostato montado sobre el colector (1) pone en marcha la bomba de circulación y el sistema de control cuando la diferencia de temperatura entre el

sensor.1 y 2 es de 6 grados. La válvula de conmutación se encuentra inicialmente en la posición tal que cierra el paso al circuito del intercambiador-acumulador.

Tan pronto como la temperatura media dada por la sonda de salida (2) supere la temperatura regulada para el acumulador (3) en 6 grados, la válvula motorizada abre el paso directo para transmitir el calor a este último.

El modelo de sistema de regulación escogido será el SOM 7/2, de STIEBEL ELTRON que presenta de las siguientes características:

-Tres sondas de temperatura PT 1000 de 6 mm de diámetro.

-Tensión de servicio: 210 / 250 V (AC) 50/60 Hz.

-Carga máxima de los contactos: 2 x 1.6 A.

-Dos Contactos de conexión /Relé.

-Altura 102 mm.

-Anchura. 150 mm.

-Profundidad 52 mm.

-Peso 0,4 Kg.

-Caja de plástico empotrable.

Aislamiento

- El aislamiento térmico de tuberías y otros elementos del circuito primario se realizaran con espuma elastométrica.

- El espesor del aislamiento será de 20 mm en tramos interiores y de 30 mm en tramos exteriores.

- Estas son las características del material aislante seleccionado:

- -Temperatura límite = 105ºC.

- -No vulnerable a la corrosión.

- -Comportamiento ante el fuego: Autoextinguible.

- -Resistencia mecánica media.

- -Muy resistente al agua.

- -Peso específico = 60 kg/m^3.

- -Coeficiente de conductividad = 0.035 W/mºK a los 20ºC.

- La espuma elastométrica sufre degradación al exponerse a las radiaciones UV del sol, por lo que es necesario proteger las partes instaladas.

2. Presupuesto

Partida 1: Material Solar:

Nº UNIDADES	CONCEPTO	PRECIO UNITARIO	PRECIO TOTAL
4	Colector Solar NORDSOL 1	763,6	3054,4

TOTAL : 3054,4

Partida 2: Material hidráulico:

Nº UNIDADES	CONCEPTO	PRECIO UNITARIO	PRECIO TOTAL
1	Deposito acumulador SB 600 AC de STIEBEL ELTRON	2637,0	2637,0
1	Vaso de expansión 12 CMF-SO 12 litros capacidad	24,0	e24,0
1	Bomba de Circulación UPC 40-120 Grundfos	338,6	338,6
2	Termómetro de esfera	14,0	28,0
2	Válvulas de seguridad timbradas a 2 y 4 atmósferas respectivamente	10,0	20,0
4	Válvulas de aislamiento de bolas	8,50	119,0
4	Válvulas antirretorno	10,0	40,0
1	Manómetro	17,5	17,5
1	Codo purgador y botellón desaireador	85,0	85,0
15 litros	Liquido anticongelante (Propilenglicol) 20 litros	88,0	88,0
59 metros	Tubería de cobre de 26/28	3,82	229,2
12 metros	Tubería de cobre de 16/18	2,55	30,6
	Diverso material de conexionado (codos, uniones en T etc..)	60,0	60,0

TOTAL : 3716.9

Partida 3: Material eléctrico

Nº UNIDADES	CONCEPTO	PRECIO UNITARIO	PRECIO TOTAL
1	Regulación del sistema SOM 7/2 de STIEBEL ELTRON	508,00	508,00
	Diverso material Eléctrico	60,0	60,0
		TOTAL :	568.0

Partida 4: Material aislante

Nº UNIDADES	CONCEPTO	PRECIO UNITARIO	PRECIO TOTAL
29 m	Coquilla Armaflex de 20 mm	6,0	174,0
40 m	Coquilla Armaflex de 30 mm	11,0	440,0
5 m2	Plancha 25 mm AF Armaflez	8,00	40,0
3 litros	Adhesivo Armaflex	10,0	30,0
5 litros	Pintura Armafinish		21,07
	Material diverso para el aislamiento		30,0
		TOTAL :	735,0

Partida 5: Instalación y puesta marcha

Nº UNIDADES	CONCEPTO	PRECIO UNITARIO	PRECIO TOTAL
	Mano de obra	700	700
	Bancada de hormigón para sujeción colectores	120	120
		TOTAL :	820,0

Partida 6: Transporte

Nº UNIDADES	CONCEPTO	PRECIO UNITARIO	PRECIO TOTAL
	Transporte a obra	400	400

Resumen:

Partida 1: Material Solar:	3054,4
Partida 2: Material Hidráulico:	3716,9
Partida 3: Material eléctrico:	568,0
Partida 4: Material aislante	735,0
Partida 5: Instalación y puesta en Marcha	820,0
Partida 6: Transporte	400,0
Precio total:	9294,3

Precio total: 9294,3 + IVA (16%) = 10781.3 Euros

3. Estudio de viabilidad económica

El estudio de la rentabilidad de la instalación se ha realizado utilizando el programa informático CENSOL 5.0 (© Progensa 1998-2004) cuyos parámetros y el resultado de los cálculos se detallan a continuación:

Programa Censol 5.0 (© Censolar): "Análisis económico".

-Nombre del proyecto: (................)

-Vida útil de la instalación (años): 20

-Energía anual ahorrada o vendida (u.e.): 260

-Precio (u.m/u.e): 0.87

-Incremento anual (%): 20.0

-Inversión diferencial (u.m): 10781.3

-Mantenimiento anual (u.m.): 200

-Índice anual de inflación (%): 06.0

-Interés anual del dinero (%): 04.0

Columna 1: Año

Columna 2: Ahorros o ingresos netos generados.

Columna 3: Beneficio neto referido al primer año.

1	2	3
01	59	-10724
02	101	-10631
03	153	-10495
04	217	-10310
05	295	-10067
06	392	- 9758

07	510	- 9370
08	654	- 8893
09	829	- 8310
10	1042	- 7606
11	1301	- 6761
12	1614	- 5752
13	1994	- 4555
14	2452	- 3139
15	3006	- 1470
16	3674	492
17	4480	2792
18	5451	5482
19	6622	8625
20	8031	12290

Retorno de la inversión (años): 16

Tasa de rentabilidad interna (%): 9.4

Obtenemos una amortización de la inversión en 16 años, dato aceptable teniendo en cuenta que se trata de una instalación realizada en una casa ya construida y no pensada para instalaciones de este

tipo. Con una tasa de amortización interna del 9,4 % dato también aceptable.

Sin embargo el mayor beneficio que se obtiene es el relativo al del impacto medioambiental, ya que esta instalación ayuda a reducir considerablemente la producción de gases contaminantes en la producción de ACS, aprovechando un recurso inagotable como es la energía solar. No obstante el retorno en el promedio de las instalaciones de este tipo en España va de 4 a 7 años. Pese a las especialmente desfavorables condiciones de la instalación se consigue una amortización.

4. Manual (Proporcionado por el fabricante)

5. Pliego de condiciones técnicas
Descripción de las obras
   1. Colectores
Los colectores serán suministrados en jaulas de madera adecuadas para su traslado o elevación mediante carretillas elevadoras.

Las jaulas se almacenarán depositándolas sobre suelo plano y a cubierto. En caso de almacenaje exterior, se cubrirán las jaulas para protegerlas del agua de lluvia. En el caso de que los colectores, una vez desembalados y previamente a su montaje sobre los perfiles de apoyo, deban ser dejados de forma interina a la intemperie, se colocarán con un ángulo mínimo de inclinación de 20° y máximo de 80°, con la cubierta de cristal orientada hacia arriba. Se evitará la posición horizontal y vertical. Hasta que los colectores no estén llenos de fluido caloportador es conveniente cubrirlos, a fin de evitar excesivas dilataciones.

2. Depósito acumulador

Se instalará este en el cuarto del sótano de la vivienda sujeto a los tacones de la pared mediante espárragos roscados. En espera de su instalación, puede ser almacenado horizontal o verticalmente en el suelo sin desembalar para evitar golpes.

3. Tuberías de circuitos y demás elementos

Serán todos ellos de primera calidad, evitando que en el almacenamiento de espera para su instalación

---

estén éstos en cualquier lugar expuestos a daños por golpes o descubiertos de su embalaje de fábrica.

4. Recepción colectores-estructura

El hormigón empleado como base de sustentación de los colectores deberá cumplir que el árido empleado sea limpio, suelto y áspero, exento de sustancias orgánicas o partículas terrosas, para lo cual si es necesario se tamizará y lavará convenientemente con agua potable. El cemento debe ser lento, de marca de fábrica y perfectamente seco, su peso específico debe ser como mínimo de 3.05 kg/dm^3 y la finura de molido, residuo del 5% en el tamiz de 900 mallas y del 20% en el de 4900. Los redondos para armar el hormigón serán de acero A-41.

Condiciones que deben satisfacer los materiales
Materiales
Todos los materiales serán de buena calidad y de reconocida casa comercial. Tendrán las dimensiones que indiquen los documentos del proyecto y fije la dirección facultativa.

Reconocimiento de los materiales

Los materiales serán reconocidos en obra antes de su empleo por la dirección facultativa, sin cuya aprobación no podrán ser empleados en la obra. El contratista proporcionará a la dirección facultativa muestra de los materiales para su aprobación. Los ensayos y análisis que la dirección facultativa crea necesarios, se realizarán en laboratorios autorizados para ello. Los accesorios, codos, latiguillos, racores, etc. serán de buena calidad y estarán igualmente exentos de defectos, tanto en su fabricación como en la calidad de los materiales empleados.

Ejecución de las obras

Obras

Las obras se ejecutarán de acuerdo con lo expuesto en el presente proyecto y a lo que dictamine la dirección facultativa.

Replanteo

El replanteo de las instalaciones se ajustará por el director de la obra, marcando sobre el terreno claramente todos los puntos necesarios para la

ejecución de la obra en presencia del contratista y según proyecto. El contratista facilitará por su cuenta todos los elementos que sean necesarios para la ejecución de los referidos replanteos y señalamiento de los mismos, cuidando bajo su responsabilidad de la invariabilidad de las señales o datos fijados para su determinación.

Desperfectos en las propiedades colindantes
Si el contratista causara algún desperfecto en las propiedades colindantes, tendrá que restaurarlas a su cuenta, dejándolas en el estado que las encontró al dar comienzo las obras de la instalación solar.

Mediciones y valoraciones
Replanteo
Todas las operaciones y medios auxiliares que se necesite para los replanteos serán de cuenta del contratista, no teniendo por este concepto derecho a indemnización de ninguna clase. El contratista será responsable de los errores que resulten de los replanteos con relación a los planos acotados que el director de la obra facilite a su debido tiempo.

Abono de las obras

Se abonarán al contratista las obras que realmente ejecuta con sujeción al proyecto aprobado, las modificaciones debidamente autorizadas y que se introduzcan, y las órdenes que le hayan sido comunicadas por el director de la obra. Si en virtud de alguna disposición del director de la obra, se introdujera alguna reforma en la misma que suponga aumento o disminución del presupuesto, el contratista queda obligado a ejecutarla con los precios que figuran en el presupuesto del contrato y de no haberlos se establecerán previamente. El abono de las obras se efectuará en la recepción de las mismas.

Comienzo de las obras

El contratista deberá comenzar las obras a los quince días de la firma del contrato y en su ejecución se ajustará a los planos que le suministre el director de la obra.

Él se sujetará a las Leyes, Reglamentos, Normas y Ordenanzas vigentes, así como los que se dicten durante la ejecución de las obras.

Responsabilidades en la ejecución

El contratista es el único responsable de la ejecución de las obras que haya contratado. No tendrá derecho a indemnización alguna por el mayor precio a que pudieran costarle los materiales ni por las erradas maniobras que cometiese durante la construcción, siendo todas ellas de su cuenta y riesgo e independiente de la inspección del director de la obra. Será asimismo responsable ante los tribunales de los accidentes que por su inexperiencia o descuido ocurran en la construcción de la instalación.

6. <u>Esquemas y planos</u> (Ver en: "Tablas y Esquemas")

País	Superficie instalada (m2)	Potencia instalada (Mw térmicos)
Alemania	1.920.000	1.344
España	466.000	326,2
Italia	421.000	294,7
Francia	374.252	262
Grecia	300.000	210
Polonia	129.632	90,7
Bélgica	91.000	63,7
Rep. Checa	90.000	63
Portugal	86.620	60,6
Reino Unido	81.000	56,7

Nivel alcanzado en Europa por la energía solar térmica

Montaje y Mantenimiento

Una instalación solar bien diseñada y correctamente instalada no tiene por qué ocasionar problemas al usuario. De hecho, el grado de satisfacción entre los usuarios actuales es muy elevado, tal y como ha quedado reflejado en múltiples ocasiones. El hecho de introducir este apartado obedece más bien a que en una instalación solar es conveniente realizar unas ciertas labores de mantenimiento, de un alcance parecido a las correspondientes a cualquier otro tipo de sistemas de calefacción o de agua caliente sanitaria. Este factor conviene tenerlo presente a la hora de valorar la posibilidad de adquirir una instalación solar. Como ocurre con cualquier otra tecnología, la situación y conservación del equipo dependerá del uso que se haga de él. Con un breve seguimiento rutinario será suficiente para poder garantizar el correcto funcionamiento del sistema durante toda su vida útil. Las revisiones a cargo del propietario consistirán en observar los parámetros funcionales principales, para verificar que no se ha producido ninguna anomalía con el paso del tiempo.

Por su parte, la empresa instaladora tendrá la responsabilidad de intervenir cuando se produzca alguna situación anormal y efectuar un mantenimiento preventivo mínimo periódicamente. Este mantenimiento implicará la revisión anual de aquellas instalaciones con una superficie de captación inferior a 20 m^2, o una revisión cada seis meses par a instalaciones con superficie de captación superior a 20 m^2. (Frecuencia especificada por el Código Técnico de la Edificación). En las revisiones que lleve a cabo la empresa instaladora no se contempla la inspección del sistema de energía auxiliar propiamente dicho. Dado que no forma par te del sistema de energía solar, sólo será necesario realizar las actuaciones previstas para asegurar el buen funcionamiento entre ambos sistemas, así como comprobar el correcto estado de sus conexiones, derivando a la empresa responsable del sistema adicional la inspección del mismo. En cualquier caso, el plan de mantenimiento debe realizarse por personal técnico especializado que conozca la tecnología solar térmica. Con la instalación también se facilitará un libro de mantenimiento en el que se reflejan las

operaciones más importantes a realizar, así como la forma de actuar ante posibles anomalías.

Condiciones de montaje

Generalidades

La instalación se construirá en su totalidad utilizando materiales y procedimientos de ejecución que garanticen las exigencias del servicio, durabilidad, salubridad y mantenimiento. Se tendrán en cuenta las especificaciones dadas por los fabricantes de cada uno de los componentes. A efectos de las especificaciones de montaje de la instalación, éstas se complementarán con la aplicación de las reglamentaciones vigentes que tengan competencia en cada caso. Es responsabilidad del suministrador comprobar que el edificio reúne las condiciones necesarias para soportar la instalación, indicándolo expresamente en la documentación. Es responsabilidad del suministrador el comprobar la calidad de los materiales y agua utilizados, cuidando que se ajusten a lo especificado en estas normas, y el evitar el uso de materiales incompatibles entre sí. El suministrador será responsable de la vigilancia de sus

materiales durante el almacenaje y el montaje, hasta la recepción provisional. Las aperturas de conexión de todos los aparatos y máquinas deberán estar convenientemente protegidas durante el transporte, el almacenamiento y el montaje, hasta tanto no se proceda a su unión, por medio de elementos de taponamiento de forma y resistencia adecuada para evitar la entrada de cuerpos extraños y suciedades dentro del aparato. Especial cuidado se tendrá con materiales frágiles y delicados, como luminarias, mecanismos, equipos de medida, etc., que deberán quedar debidamente protegidos. Durante el montaje, el suministrador deberá evacuar de la obra todos los materiales sobrantes de trabajos efectuados con anterioridad, en particular de retales de conducciones y cables. Asimismo, al final de la obra, deberá limpiar perfectamente todos los equipos (captadores, acumuladores, etc.), cuadros eléctricos, instrumentos de medida, etc. de cualquier tipo de suciedad, dejándolos en perfecto estado. Antes de su colocación, todas las canalizaciones deberán reconocerse y limpiarse de cualquier cuerpo extraño, como rebabas, óxidos, suciedades, etc. La alineación

de las canalizaciones en uniones y cambios de dirección se realizará con los correspondientes accesorios y/o cajas, centrando los ejes de las canalizaciones con los de las piezas especiales, sin tener que recurrir a forzar la canalización. En las partes dañadas por roces en los equipos, producidos durante el traslado o el montaje, el suministrador aplicará pintura rica en zinc u otro material equivalente. La instalación de los equipos, válvulas y purgadores permitirá su posterior acceso a las mismas a efectos de su mantenimiento, reparación o desmontaje. Una vez instalados los equipos, se procurará que las placas de características de estos sean visibles. Todos los elementos metálicos que no estén debidamente protegidos contra la oxidación por el fabricante, serán recubiertos con dos manos de pintura antioxidante. Los circuitos de distribución de agua caliente sanitaria se protegerán contra la corrosión por medio de ánodos de sacrificio.

Todos los equipos y circuitos podrán vaciarse total o parcialmente, realizándose esto desde los puntos más bajos de la instalación.

Las conexiones entre los puntos de vaciado y desagües se realizarán de forma que el paso del agua quede perfectamente visible. Los botellines de purga estarán siempre en lugares accesibles y, siempre que sea posible, visibles.

Montaje de estructura soporte y captadores

Si los captadores son instalados en los tejados de edificios, deberá asegurarse la estanqueidad en los puntos de anclaje. La instalación permitirá el acceso a los captadores de forma que su desmontaje sea posible en caso de rotura, pudiendo desmontar cada captador con el mínimo de actuaciones sobre los demás. Las tuberías flexibles se conectarán a los captadores utilizando, preferentemente, accesorios para mangueras flexibles. Cuando se monten tuberías flexibles se evitará que queden retorcidas y que se produzcan radios de curvatura superiores a los especificados por el fabricante. El suministrador evitará que los captadores queden expuestos al sol por períodos prolongados durante el montaje. En este período las conexiones del captador deben estar

abiertas a la atmósfera, pero impidiendo la entrada de suciedad.

Terminado el montaje, durante el tiempo previo al arranque de la instalación, si se prevé que éste pueda prolongarse, el suministrador procederá a tapar los captadores.

Montaje de acumulador

La estructura soporte para depósitos y su fijación se realizará según la normativa vigente.

La estructura soporte y su fijación para depósitos de más de 1000 l situados en cubiertas o pisos deberá ser diseñada por un profesional competente.

La ubicación de los acumuladores y sus estructuras de sujeción cuando se sitúen en cubiertas de piso tendrá en cuenta las características de la edificación, y requerirá para depósitos de más de 300 l el diseño de un profesional competente.

Montaje de intercambiador

Se tendrá en cuenta la accesibilidad del intercambiador, para operaciones de sustitución o reparación.

Montaje de bomba

Las bombas en línea se instalarán con el eje de rotación horizontal y con espacio suficiente para que el conjunto motor-rodete pueda ser fácilmente desmontado. El acoplamiento de una bomba en línea con la tubería podrá ser de tipo roscado hasta el diámetro DN 32. El diámetro de las tuberías de acoplamiento no podrá ser nunca inferior al diámetro de la boca de aspiración de la bomba. Las tuberías conectadas a las bombas en línea se soportarán en las inmediaciones de las bombas de forma que no provoquen esfuerzos recíprocos. La conexión de las tuberías a las bombas no podrá provocar esfuerzos recíprocos (se utilizarán manguitos antivibratorios cuando la potencia de accionamiento sea superior a 700 W). Todas las bombas estarán dotadas de tomas para la medición de presiones en aspiración e impulsión. Todas las bombas deberán protegerse, aguas arriba, por medio de la instalación de un filtro de malla o tela metálica. Cuando se monten bombas con prensa-estopas, se instalarán sistemas de llenado automáticos.

Montaje de tuberías y accesorios

Antes del montaje deberá comprobarse que las tuberías no estén rotas, fisuradas, dobladas, aplastadas, oxidadas o de cualquier manera dañadas. Se almacenarán en lugares donde estén protegidas contra los agentes atmosféricos. En su manipulación se evitarán roces, rodaduras y arrastres, que podrían dañar la resistencia mecánica, las superficies calibradas de las extremidades o las protecciones anti-corrosión. Las piezas especiales, manguitos, gomas de estanqueidad, etc. se guardarán en locales cerrados. Las tuberías serán instaladas de forma ordenada, utilizando fundamentalmente tres ejes perpendiculares entre sí y paralelos a elementos estructurales del edificio, salvo las pendientes que deban darse. Las tuberías se instalarán lo más próximas posible a paramentos, dejando el espacio suficiente para manipular el aislamiento y los accesorios. En cualquier caso, la distancia mínima de las tuberías o sus accesorios a elementos estructurales será de 5 cm. Las tuberías discurrirán siempre por debajo de canalizaciones eléctricas que crucen o corran paralelamente. La distancia en línea

recta entre la superficie exterior de la tubería, con su eventual aislamiento, y la del cable o tubo protector no debe ser inferior a:

- 5 cm para cables bajo tubo, tensión inferior a 1000 V.
- 30 cm para cables sin protección, tensión inferior a 1000 V.
- 50 cm para cables con tensión superior a 1000 V.

Las tuberías no se instalarán nunca encima de equipos eléctricos, como cuadros o motores. No se permitirá la instalación de tuberías en huecos y salas de máquinas de ascensores, centros de transformación, chimeneas y conductos de climatización o ventilación. Las conexiones de las tuberías a los componentes se realizarán de forma que no se transmitan esfuerzos mecánicos. Las conexiones de componentes al circuito deben ser fácilmente desmontables mediante bridas o racores, con el fin de facilitar su sustitución o reparación. Los cambios de sección en tuberías horizontales se realizarán de forma que se evite la formación de bolsas de aire, mediante manguitos de reducción

excéntricos o enrasado de generatrices superiores para uniones soldadas. Para evitar la formación de bolsas de aire, los tramos horizontales de tubería se montarán siempre con una pendiente ascendente, en el sentido de circulación, del 1 %. Se facilitarán las dilataciones de tuberías utilizando los cambios de dirección o dilatadores axiales. Las uniones de tuberías de acero podrán ser por soldadura o roscadas. Las uniones con valvulería y equipos podrán ser roscadas para grandes diámetros se realizarán las uniones por bridas. En ningún caso se permitirán ningún tipo de soldadura en tuberías galvanizadas. Las uniones de tuberías de cobre se realizarán mediante manguitos soldados por capilaridad. En circuitos abiertos el sentido de flujo del agua deberá ser siempre del acero al cobre. El dimensionado, distancias y disposición de los soportes de tubería se realizará de acuerdo con las prescripciones de UNE 100.152. Durante el montaje de las tuberías se evitarán en los cortes para la unión de tuberías, las rebabas y escorias. En las ramificaciones soldadas el final del tubo ramificado no debe proyectarse en el interior del tubo principal. Los

sistemas de seguridad y expansión se conectarán de forma que se evite cualquier acumulación de suciedad o impurezas. Las dilataciones que sufren las tuberías al variar la temperatura del fluido, deben compensarse a fin de evitar roturas en los puntos más débiles, que suelen ser las uniones entre tuberías y aparatos, donde suelen concentrarse los esfuerzos de dilatación y contracción. En las salas de máquinas se aprovecharán los frecuentes cambios de dirección, para que la red de tuberías tenga la suficiente flexibilidad y pueda soportar las variaciones de longitud. En los trazados de tuberías de gran longitud, horizontales o verticales, se compensarán los movimientos de tuberías mediante dilatadores axiales.

Montaje de aislamiento

El aislamiento no podrá quedar interrumpido al atravesar elementos estructurales del edificio. El manguito pasamuros deberá tener las dimensiones suficientes para que pase la conducción con su aislamiento, con una holgura máxima de 3 cm. Tampoco se permitirá la interrupción del aislamiento térmico en los soportes de las conducciones, que

podrán estar o no completamente envueltos por el material aislante. El puente térmico constituido por el mismo soporte deberá quedar interrumpido por la interposición de un material elástico (goma, fieltro, etc.) entre el mismo y la conducción. Después de la instalación del aislamiento térmico, los instrumentos de medida y de control, así como válvulas de desagües, volante, etc., deberán quedar visibles y accesibles. Las franjas y flechas que distinguen el tipo de fluido transportado en el interior de las conducciones se pintarán o se pegarán sobre la superficie exterior del aislamiento o de su protección.

Montaje de contadores

Se instalarán siempre entre dos válvulas de corte para facilitar su desmontaje. El suministrador deberá prever algún sistema (baipás o carrete de tubería) que permita el funcionamiento de la instalación aunque el contador sea desmontado para calibración o mantenimiento. En cualquier caso, no habrá ningún obstáculo hidráulico a una distancia igual, al menos, a diez veces el diámetro de la tubería antes del contador, y a cinco veces después del mismo.

Cuando el agua pueda arrastrar partículas sólidas en suspensión, se instalará un filtro de malla fina antes del contador, del tamiz adecuado.

Montaje de instalaciones por circulación natural

Los cambios de dirección en el circuito primario se realizarán con curvas con un radio mínimo de tres veces el diámetro del tubo. Se cuidará de mantener rigurosamente la sección interior de paso de las tuberías, evitando aplastamientos durante el montaje. Se permitirá reducir el aislamiento de la tubería de retorno, para facilitar el efecto termosifón.

Pruebas de estanqueidad del circuito primario

El procedimiento para efectuar las pruebas de estanqueidad comprenderá las siguientes fases:

1. Preparación y limpieza de redes de tuberías. Antes de efectuar la prueba de estanqueidad las tuberías deben ser limpiadas internamente, con el fin de eliminar los residuos procedentes del montaje, llenándolas y vaciándolas con agua el número de veces que sea necesario. Deberá comprobarse que los elementos y accesorios del circuito pueden

soportar la presión a la que se les va a someter. De no ser así, tales elementos y accesorios deberán ser excluidos.

2. Prueba preliminar de estanqueidad. Esta prueba se efectuará a baja presión, para detectar fallos en la red y evitar los daños que podría provocar la prueba de resistencia mecánica.

3. Prueba de resistencia mecánica. La presión de prueba será de una vez y media la presión máxima de trabajo del circuito primario, con un mínimo de 3 bares, comprobándose el funcionamiento de las válvulas de seguridad. Los equipos, aparatos y accesorios que no soporten dichas presiones quedarán excluidos de la prueba. La prueba hidráulica de resistencia mecánica tendrá la duración suficiente para poder verificar de forma visual la resistencia estructural de los equipos y tuberías sometidos a la misma.

4. Reparación de fugas. La reparación de las fugas detectadas se realizará sustituyendo la parte defectuosa o averiada con material nuevo. Una vez reparadas las anomalías, se volverá a comenzar

desde la prueba preliminar. El proceso se repetirá tantas veces como sea necesario.

Requisitos técnicos del contrato de mantenimiento
Generalidades

Se realizará un contrato de mantenimiento (preventivo y correctivo) por un período de tiempo al menos igual que el de la garantía. El mantenimiento preventivo implicará, como mínimo, una revisión anual de la instalación para instalaciones con superficie útil homologada inferior o igual a 20 m^2, y una revisión cada seis meses para instalaciones con superficies superiores a 20 m^2. Las medidas a tomar en el caso de que en algún mes del año el aporte solar sobrepase el 110% de la demanda energética o en más de tres meses seguidos el 100 % son las siguientes:

- *Vaciado parcial del campo de captadores.* Esta solución permite evitar el sobrecalentamiento, pero dada la pérdida de parte del fluido del circuito primario, habrá de ser repuesto por un fluido de características similares, debiendo

incluirse este trabajo en su caso entre las labores del contrato de mantenimiento.

- *Tapado parcial del campo de captadores.* En este caso el captador está aislado del calentamiento producido por la radiación solar y a su vez evacua los posibles excedentes térmicos residuales a través del fluido del circuito primario (que sigue atravesando el captador).

- *Desvío de los excedentes energéticos* a otras aplicaciones existentes o redimensionar la instalación con una disminución del número de captadores.

En el caso de optarse por las soluciones expuestas en los puntos anteriores, deberán programarse y detallarse dentro del contrato de mantenimiento las visitas a realizar para el vaciado parcial / tapado parcial del campo de captadores y reposición de las condiciones iniciales. Estas visitas se programarán de forma que se realicen una antes y otra después de cada período de sobreproducción energética. También se incluirá dentro del contrato de

mantenimiento un programa de seguimiento de la instalación que prevendrá los posibles daños ocasionados por los posibles sobrecalentamientos producidos en los citados períodos y en cualquier otro período del año.

Programa de mantenimiento

Objeto. El objeto de este apartado es definir las condiciones generales mínimas que deben seguirse para el adecuado mantenimiento de las instalaciones de energía solar térmica para producción de agua caliente.

Criterios generales. Se definen tres escalones de actuación para englobar todas las operaciones necesarias durante la vida útil de la instalación para asegurar el funcionamiento, aumentar la fiabilidad y prolongar la duración de la misma:

a) Vigilancia.

b) Mantenimiento preventivo

c) Mantenimiento correctivo

a) Plan de vigilancia

El plan de vigilancia se refiere básicamente a las operaciones que permiten asegurar que los valores operacionales de la instalación sean correctos. Es un plan de observación simple de los parámetros funcionales principales, para verificar el correcto funcionamiento de la instalación. Será llevado a cabo, normalmente, por el usuario, que asesorado por el instalador, observará el correcto comportamiento y estado de los elementos, y tendrá un alcance similar al descrito en la Tabla 12.

Tabla 12.			
Elemento de la instalación	*Operación*	*Frecuencia (meses)*	*Descripción*
Captadores	Limpieza de cristales	A determinar	Con agua y productos adecuados.
	Cristales	3	IV - Condensaciones en las horas centrales del día.
	Juntas	3	IV - Agrietamientos y deformaciones.
	Absorbedor	3	IV - Corrosión, deformación, fugas, etc.
	Conexiones	3	IV - Fugas.
	Estructura	3	IV - Degradación, indicios de corrosión.
Circuito primario	Tubería, aislamiento y sistema de llenado	6	IV - Ausencia de humedad y fugas.
	Purgador manual	3	Vaciar el aire del botellín.
Circuito secundario	Termómetro	Diaria	IV - Temperatura.
	Tubería y aislamiento	6	IV - Ausencia de humedad y fugas.
	Acumulador solar	3	Purgado de la acumulación de lodos de la parte superior del depósito.

IV: Inspección visual.

b) Plan de mantenimiento preventivo

- Son operaciones de inspección visual, verificación de actuaciones y otras, que aplicadas a la instalación deben permitir mantener dentro de límites aceptables las condiciones de funcionamiento, prestaciones, protección y durabilidad de la misma:

- El mantenimiento preventivo implicará, como mínimo, una revisión anual de la instalación para aquellas instalaciones con una superficie de captación inferior a 20 m² y una revisión cada seis meses para instalaciones con superficie de captación superior a 20 m².

- El plan de mantenimiento debe realizarse por personal técnico especializado que conozca la tecnología solar térmica y las instalaciones mecánicas en general.

- La instalación tendrá un libro de mantenimiento en el que se reflejen todas las operaciones

realizadas, así como el mantenimiento correctivo.

- El mantenimiento preventivo ha de incluir todas las operaciones de mantenimiento y sustitución de elementos fungibles o desgastados por el uso, necesarias para asegurar que el sistema funcione correctamente durante su vida útil.

- En las tablas 13-A, 13-B, 13-C, 13-D, 13-E y 13-F se definen las operaciones de mantenimiento preventivo que deben realizarse en las instalaciones de energía solar térmica para producción de agua caliente, la periodicidad mínima establecida (en meses) y descripciones en relación con las prevenciones a observar.

Tabla 13-A. Sistema de captación.

Equipo	Frecuencia (meses)	Descripción
Captadores	6	IV- Diferencias sobre original.
		IV- Diferencias entre captadores.
Cristales	6	IV- Condensaciones y suciedad.
Juntas	6	IV- Agrietamientos, deformaciones.
Absorbedor	6	IV- Corrosión, deformaciones.
Carcasa	6	IV- Deformación, oscilaciones, ventanas de respiración.
Conexiones	6	IV- Aparición de fugas.
Estructura	6	IV- Degradación, indicios de corrosión y apriete de tornillos.
Captadores (*)	12	Tapado parcial del campo de captadores
Captadores (*)	12	Destapado parcial del campo de captadores
Captadores (*)	12	Vaciado parcial del campo de captadores
Captadores (*)	12	Llenado parcial del campo de captadores

IV: Inspección visual

(*) Estas operaciones se realizarán, según proceda, en el caso de que se haya optado por el tapado o vaciado parcial de los captadores para prevenir el sobrecalentamiento.

Tabla 13-B. Sistema de acumulación.

Equipo	Frecuencia (meses)	Descripción
Depósito	12	Presencia de lodos en fondo.
Ánodos de sacrificio	12	Comprobación del desgaste.
Ánodos de corriente impresa	12	Comprobación del buen funcionamiento.
Aislamiento	12	Comprobar que no hay humedad.

Tabla 13-C. Sistema de intercambio.

Equipo	Frecuencia (meses)	Descripción
Intercambiador de placas	12	CF - Eficiencia y prestaciones.
	12	Limpieza.
Intercambiador de serpentín	12	CF - Eficiencia y prestaciones.
	12	Limpieza.

CF: Control de funcionamiento.

Tabla 13-D. Circuito hidráulico.

Equipo	Frecuencia (meses)	Descripción
Fluido refrigerante	12	Comprobar su densidad y pH.
Estanqueidad	24	Efectuar prueba de presión.
Aislamiento al exterior	6	IV - Degradación protección uniones y ausencia de humedad.
Aislamiento al interior	12	IV - Uniones y ausencia de humedad.
Purgador automático	12	CF y limpieza.
Purgador manual	6	Vaciar el aire del botellín.
Bomba	12	Estanqueidad.
Vaso de expansión cerrado	6	Comprobación de la presión.
Vaso de expansión abierto	6	Comprobación del nivel.
Sistema de llenado	6	CF - Actuación.
Válvula de corte	12	CF - Actuaciones (abrir y cerrar) para evitar agarrotamiento.
Válvula de seguridad	12	CF - Actuación.

CF: Control de funcionamiento.
IV: Inspección visual.

Tabla 13-E. Sistema eléctrico y de control.

Equipo	Frecuencia (meses)	Descripción
Cuadro eléctrico	12	Comprobar que está bien cerrado para que no entre polvo.
Control diferencial	12	CF - Actuación.
Termostato	12	CF - Actuación.
Verificación del sistema de medida	12	CF - Actuación.

CF: Control de funcionamiento.

Tabla 13-F. Sistema de energía auxiliar.		
Equipo	*Frecuencia (meses)*	*Descripción*
Sistema auxiliar	12	CF- Actuación.
Sondas de temperatura	12	CF- Actuación.
CF: Control de funcionamiento.		

Nota: Para las instalaciones menores de 20 m^2 se realizarán conjuntamente en la inspección anual las labores del plan de mantenimiento que tienen una frecuencia de 6 y 12 meses. No se incluyen los trabajos propios del mantenimiento del sistema auxiliar. Dado que el sistema de energía auxiliar no forma parte del sistema de energía solar propiamente dicho, sólo será necesario realizar actuaciones sobre las conexiones del primero a este último, así como la verificación del funcionamiento combinado de ambos sistemas. Se deja un mantenimiento más exhaustivo para la empresa instaladora del sistema auxiliar.

c) Mantenimiento correctivo
Son operaciones realizadas como consecuencia de la detección de cualquier anomalía en el funcionamiento de la instalación, en el plan de vigilancia o en el de mantenimiento preventivo.

Incluye la visita a la instalación, en los mismos plazos máximos indicados en el apartado de Garantías, cada vez que el usuario así lo requiera por avería grave de la instalación, así como el análisis y elaboración del presupuesto de los trabajos y reposiciones necesarias para el correcto funcionamiento de la misma. Los costes económicos del mantenimiento correctivo, con el alcance indicado, forman parte del precio anual del contrato de mantenimiento. Podrán no estar incluidas ni la mano de obra, ni las reposiciones de equipos necesarias.

Operaciones de mantenimiento a realizar por el usuario

El usuario debe realizar las siguientes operaciones de control y mantenimiento al menos una vez al mes:

-Comprobar la presión del circuito. Ésta comprobación ha de realizarse en frío, preferiblemente a primeras horas de la mañana. Cuando la presión baje de 1.5 kg/cm^2 deberá proceder al rellenado del circuito hidráulico o ponerse en contacto con la empresa con la que tenga contratada el mantenimiento.

-Purgar el sistema, eliminando la posible presencia del aire en los botellines de desaireación.

Es recomendable que el usuario se familiarice con las siguientes operaciones básicas de actuación sobre el sistema:

-Llenado del circuito.

-Arranque y parada del sistema.

-Operación sobre los termostatos de control

Operaciones de mantenimiento a realizar anualmente por personal especializado

Operaciones imprescindibles de mantenimiento:

-Control anual de anticongelante.

-Comprobación de la presión y llenado del circuito.

-Purgado del circuito. (Incluido cebado de la bomba)

-Comprobación de la presión del aire del vaso de expansión.

-Calibración del sistema de control.

-Comprobación del funcionamiento automático de la bomba.

Además se inspeccionarán visualmente y comprobarán:

    -Los colectores.

    -El aislamiento.

    -Válvulas manuales.

    -Ruido de la bomba.

    -Tuberías.

Instalación solar térmica con soportes, de los paneles, torcidos

Acumulador roto por abandono

Plantillas de mantenimiento

Mantenimiento de los componentes

Sistema de acumulación

Equipo	Frecuencia		Descripción
Depósito	12 meses	☐	Presencia de lodos en fondo
Ánodo sacrificio	12 meses	☐	Comprobación del desgaste
Ánodo corriente impresa	12 meses	☐	Comprobación del buen funcionamiento
Aislamiento	12 meses	☐	Comprobar que no hay humedad

Sistema de intercambio

Equipo	Frecuencia		Descripción
Intercambiador placas	12 meses	☐	Control funcionamiento eficiencia y prestaciones
	12 meses	☐	Limpieza
Intercambiador serpentín	12 meses	☐	Control funcionamiento eficiencia y prestaciones
	12 meses	☐	Limpieza

Circuito hidráulico

Equipo	Frecuencia		Descripción
Fluido refrigerante	12 meses	☐	Comprobar su densidad y PH
Estanquidad	24 meses	☐	Efectuar prueba de presión
Aislamiento exterior	6 meses	☐	Inspección visual degradación protección uniones y ausencia de humedad
Aislamiento interior	12 meses	☐	Inspección visual uniones y ausencia de humedad
Purgador automático	12 meses	☐	Control funcionamiento y limpieza
Purgador manual	6 meses	☐	Vaciar el aire del botellín
Bomba	12 meses	☐	Estanquidad
Vaso expansión cerrado	6 meses	☐	Comprobación de la presión
Vaso expansión abierto	6 meses	☐	Comprobación del nivel
Sistema de llenado	6 meses	☐	Control funcionamiento actuación
Válvula de corte	12 meses	☐	Control funcionamiento actuación (abrir y cerrar) para evitar agarrotamiento
Válvula de seguridad	12 meses	☐	Control funcionamiento actuación

Sistema eléctrico y de control

Equipo	Frecuencia		Descripción
Cuadro eléctrico	12 meses	☐	Comprobar que está siempre bien cerrado para que no entre polvo
Control diferencial	12 meses	☐	Control funcionamiento actuación
Termostato	12 meses	☐	Control funcionamiento actuación
Sistema de medida	12 meses	☐	Verificación y control funcionamiento actuación

Sistema de energía auxiliar

Equipo	Frecuencia		Descripción
Sistema auxiliar	12 meses	☐	Control funcionamiento actuación
Sondas de temperatura	12 meses	☐	Control funcionamiento actuación

Vigilancia e inspección de los componentes

Elemento de la instalación	Operación	Frecuencia	Descripción
	☐ Limpieza cristales	A determinar	Con agua y productos adecuados
	☐ Cristales	3 meses	Inspección visual condensaciones en las horas centrales del día
Captadores	☐ Juntas	3 meses	Inspección visual agrietamientos y deformaciones
	☐ Absorbedor	3 meses	Inspección visual corrosión, deformación, fugas, etc
	☐ Conexiones	3 meses	Inspección visual fugas
	☐ Estructura	3 meses	Inspección visual degradación, indicios de corrosión
Circuito primario	☐ Tubería, aislamiento y sistema de llenado	6 meses	Inspección visual ausencia de humedad y fugas
	☐ Purgador manual	3 meses	Vaciar el aire del botellín
	☐ Termómetro	Diaria	Inspección visual temperatura
Circuito secundario	☐ Tubería y aislamiento	6 meses	Inspección visual ausencia de humedad y fugas
	☐ Acumulador solar	3 meses	Purgado de la acumulación de lodos de la parte inferior del depósito

1.2   Plan de mantenimiento

Sistema de captación

Equipo	Frecuencia	Descripción
Captadores	6 meses	☐ Inspección visual diferencias sobre original ☐ Inspección visual diferencias entre colectores
Cristales	6 meses	☐ Inspección visual condensaciones y suciedad
Juntas	6 meses	☐ Inspección visual agrietamientos, deformaciones
Absorbedor	6 meses	☐ Inspección visual corrosión, deformaciones
Carcasa	6 meses	☐ Inspección visual deformación, oscilaciones, ventanas de respiración
Conexiones	6 meses	☐ Inspección visual aparición de fugas
Estructura	6 meses	☐ Inspección visual degradación, indicios corrosión y apriete tornillos
Captadores	12 meses	☐ Tapado parcial campo de captadores
	12 meses	☐ Destapado parcial campo de captadores
	12 meses	☐ Vaciado parcial campo de captadores
	12 meses	☐ Llenado parcial campo de captadores

Garantías

El suministrador garantizará la instalación durante un período mínimo de 3 años, para todos los materiales utilizados y el procedimiento empleado en su montaje. Sin perjuicio de cualquier posible reclamación a terceros, la instalación será reparada de acuerdo con estas condiciones generales si ha sufrido una avería a causa de un defecto de montaje o de cualquiera de los componentes, siempre que haya sido manipulada correctamente de acuerdo con lo establecido en el manual de instrucciones. La garantía se concede a favor del comprador de la instalación, lo que deberá justificarse debidamente mediante el correspondiente certificado de garantía, con la fecha que se acredite en la certificación de la instalación. Si hubiera de interrumpirse la explotación del suministro debido a razones de las que es responsable el suministrador, o a reparaciones que el suministrador haya de realizar para cumplir las estipulaciones de la garantía, el plazo se prolongará por la duración total de dichas interrupciones. La garantía comprende la reparación o reposición, en su caso, de los componentes y las piezas que pudieran resultar defectuosas, así como la

mano de obra empleada en la reparación o reposición durante el plazo de vigencia de la garantía. Quedan expresamente incluidos todos los demás gastos, tales como tiempos de desplazamiento, medios de transporte, amortización de vehículos y herramientas, disponibilidad de otros medios y eventuales portes de recogida y devolución de los equipos para su reparación en los talleres del fabricante. Asimismo se deben incluir la mano de obra y materiales necesarios para efectuar los ajustes y eventuales reglajes del funcionamiento de la instalación. Si en un plazo razonable, el suministrador incumple las obligaciones derivadas de la garantía, el comprador de la instalación podrá, previa notificación escrita, fijar una fecha final para que dicho suministrador cumpla con las mismas. Si el suministrador no cumple con sus obligaciones en dicho plazo último, el comprador de la instalación podrá, por cuenta y riesgo del suministrador, realizar por sí mismo o contratar a un tercero para realizar las oportunas reparaciones, sin perjuicio de la ejecución del aval prestado y de la reclamación por daños y perjuicios en que hubiere incurrido el suministrador.

La garantía podrá anularse cuando la instalación haya sido reparada, modificada o desmontada, aunque sólo sea en parte, por personas ajenas al suministrador o a los servicios de asistencia técnica de los fabricantes no autorizados expresamente por el suministrador. Cuando el usuario detecte un defecto de funcionamiento en la instalación, lo comunicará fehacientemente al suministrador.

Cuando el suministrador considere que es un defecto de fabricación de algún componente lo comunicará fehacientemente al fabricante.

El suministrador atenderá el aviso en un plazo de:

- 24 horas, si se interrumpe el suministro de agua caliente, procurando establecer un servicio mínimo hasta el correcto funcionamiento de ambos sistemas (solar y de apoyo).
- 48 horas, si la instalación solar no funciona.
- 1 semana, si el fallo no afecta al funcionamiento.
- Las averías de las instalaciones se repararán en su lugar de ubicación por el suministrador.

- Si la avería de algún componente no pudiera ser reparada en el domicilio del usuario, el componente deberá ser enviado el taller oficial designado por el fabricante por cuenta y a cargo del suministrador.

- El suministrador realizará las reparaciones o reposiciones de piezas a la mayor brevedad posible una vez recibido el aviso de avería, pero no se responsabilizará de los perjuicios causados por la demora en dichas reparaciones siempre que dicha demora sea inferior a 15 días naturales.

Potencia solar instalada en España

Aspectos económicos

Preguntas frecuentes

Durante los últimos años las instalaciones de energía solar térmica no han experimentado una alteración sustancial de precios, ni es previsible que lo hagan en los próximos años. Las posibles rebajas en este tipo de instalaciones pueden venir motivadas por las mejoras en el proceso de fabricación de los captadores solares, o por una disminución de los precios de venta al público como consecuencia del crecimiento de mercado. El coste de implantación de la energía solar térmica es variable en función de múltiples factores, como pueden ser el tipo de aplicación (piscinas, agua caliente sanitaria, calefacción, refrigeración.), el tamaño de la instalación, la tecnología utilizada (captadores planos o de vacío) o si la instalación se realiza a la vez que la construcción del edificio o se trata de una vivienda edificada. Todos estos factores influyen en el coste final de una instalación. Con el objetivo de tomar un valor de referencia, en este manual nos centraremos en el coste de la energía solar de baja temperatura

para el suministro de agua caliente sanitaria: la aplicación más extendida en todo el mundo y la que cuenta con mayor potencial a corto plazo. A continuación se plantean algunas de las preguntas que se suelen hacer quienes están pensando en instalar un sistema de energía solar en su vivienda, en su comunidad de vecinos, o en el ámbito de la industria.

¿Es rentable la energía solar?

La energía proviene del Sol; por lo tanto, lo que supone un desembolso extraordinario es la adquisición y montaje de la instalación para la producción de agua caliente sanitaria en una vivienda, hotel... No obstante, esta inversión se compensará con creces en pocos años, al sustituir una energía convencional por otra mucho más económica. Desde el mismo momento en que pongamos en marcha nuestra instalación solar, la factura del gas o la electricidad destinada a la producción de agua caliente sanitaria bajará. Esto se traduce en ahorros medios de entre unos 75 a 150 euros al año en una economía familiar, en función del combustible que se

sustituya. Otra de las ventajas de la energía solar es que esta tecnología nos ayudará a disminuir nuestra dependencia energética del exterior que, al fin y al cabo, es un buen método de garantizar el suministro de energía con total autonomía. Además, hay que tener en cuenta que esta fuente de energía no está sujeta a fluctuaciones de mercado y que los precios no oscilan en relación al coste de la vida, o cualquier otra circunstancia. Por todas estas razones, hoy por hoy podemos decir que una instalación solar térmica cuenta con grandes ventajas frente a otros sistemas de abastecimiento y es plenamente rentable en términos económicos. Por si fuera poco, también hay que añadir que sus usuarios pueden acceder a unas buenas condiciones de financiación y a ayudas a fondo perdido de las diferentes administraciones.

¿Cuánto cuesta una instalación solar?
El precio varía según sea una instalación individual o colectiva. Por lo general, el precio medio de una instalación de placa plana oscila entre los 600 y los 800 euros por metro cuadrado; este precio disminuye a medida que la instalación solar precise de más

metros de superficie captadora o bien se trate de una vivienda nueva donde su incorporación vendrá integrada en el diseño del proyecto. El tamaño de una instalación dependerá de la demanda de agua caliente sanitaria y de la zona geográfica en la que nos encontremos. A modo de ejemplo, podríamos decir que una vivienda familiar necesitará entre 2 y 4 m^2 de superficie de captación solar, mientras que una comunidad de vecinos deberá instalar entre 1,5 y 3 m^2 por familia para configuraciones de sistemas centralizados. No obstante, a la hora de emprender un proyecto de energía solar es preciso hacer un estudio previo de la demanda energética de la vivienda, hotel, polideportivo, etc., para poder dimensionar el sistema solar que mejor se adapte a las necesidades del edificio en todo momento. Teniendo en cuenta todas estas variables, podemos asegurar que con los programas de ayudas existentes en las diferentes administraciones, una instalación de energía solar para agua caliente sanitaria viene a costar alrededor de 1.200 euros por vivienda; el valor aproximado de una televisión de plasma o de algunos de los

electrodomésticos que utilizamos habitualmente en el hogar.

¿En cuánto tiempo se puede amortizar la inversión?
La vida media de una instalación de energía solar térmica es de unos veinticinco años, aunque actualmente se tiende a diseñar equipos con una duración de treinta años de vida útil. El plazo habitual de amortización está entre los diez y los quince años. De esta manera, si tenemos en cuenta que la vida útil de la instalación supera los 25 años, se puede decir que tendremos agua caliente de forma gratuita durante mucho tiempo.

¿Cuáles son los costes de operación o mantenimiento?
Una instalación solar bien diseñada y correctamente instalada no tiene por qué ocasionar problemas al usuario. De hecho, las labores de mantenimiento que son necesarias realizar, tienen un alcance parecido a las de cualquier otro tipo de sistemas de calefacción o de agua caliente sanitaria de fuentes convencionales.

Por término medio, los gastos de operación y mantenimiento rondarán los 3060 euros/año (para instalaciones en viviendas unifamiliares), y suelen disfrutar de una garantía de al menos tres años.

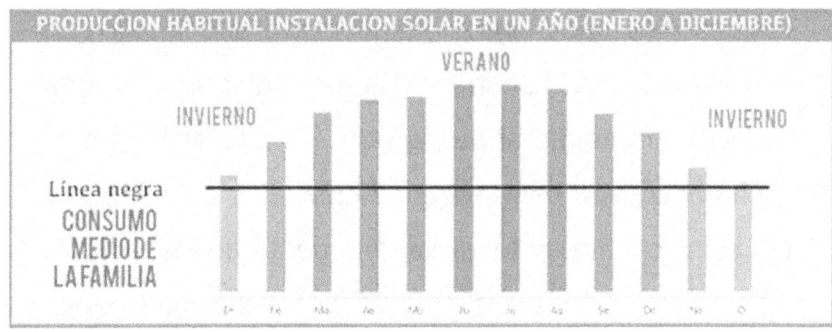

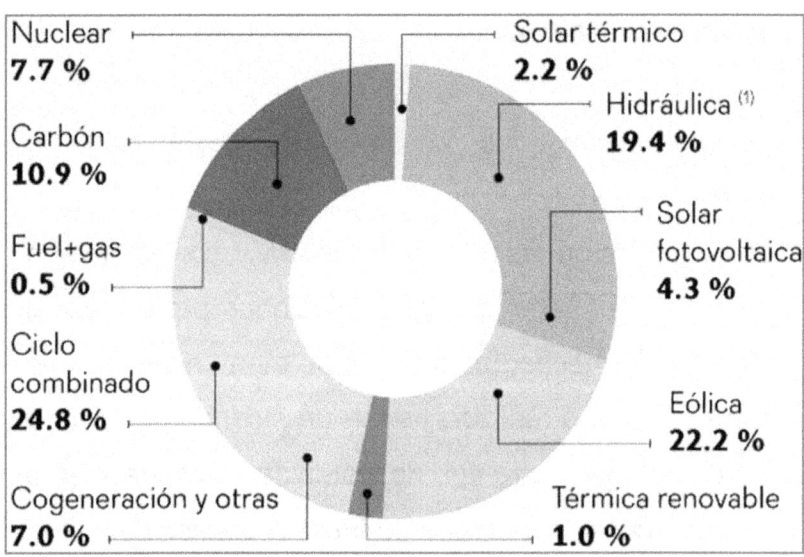

Porcentual comparativo de energías instaladas

El futuro de la energía solar térmica

A estas alturas nadie puede poner en duda que la energía solar térmica es una opción más que interesante para abastecer de energía a millones de hogares. El impulso de esta tecnología en los últimos años ha llevado a un grado de implantación muy elevado, demostrando así que esta fuente de energía no sólo resulta muy beneficiosa para cualquier ciudadano, sino que además es una herramienta eficaz para reducir la emisión de gases de efecto invernadero responsables del cambio climático. Sin embargo, el desarrollo de esta tecnología no es igual en todas las partes del mundo, ni tiene la misma importancia en los distintos países de Europa. Hay un hecho que nos debería hacer reflexionar: Alemania, disponiendo de unos recursos solares muy inferiores a los nuestros, instala cada año entre 600.000 y 900.000 metros cuadrados de captadores, mientras en España esa superficie es de 60.000 a 90.000; es decir, diez veces menos. Ante esta situación, son cada vez más quienes creen que esta forma de energía renovable debería realizar una contribución

mucho más importante de la que aporta en estos momentos. Y es que ha llegado el momento de que nuestro país, con una media de horas de sol envidiables, tecnología más que probada para aprovecharlos y ayudas a la financiación, dé el paso que le corresponde para conseguir que la energía solar térmica abandone su lento ritmo de crecimiento y cobre un papel protagonista y popular en el escenario energético y en nuestras ciudades.

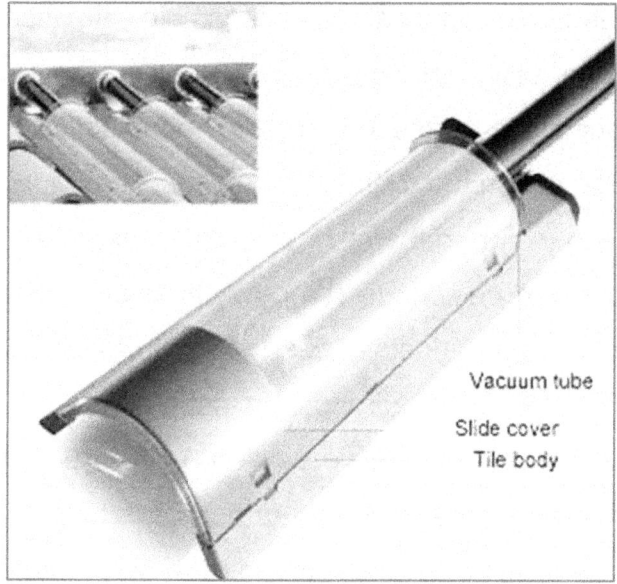

Teja solar térmica. Detalle e instalación

Simbología

SÍMBOLOS	SIGNIFICADO
	Contador general. Aparato para controlar el consumo total de una instalación. Su disposición se hace en un armario o cámara en la acometida, debiendo llevar siempre una llave de paso antes y después del mismo. Los hay para roscar o para embridar.
	Contador divisionario. Sirve para controlar el consumo particular de cada abonado. Su disposición puede ser individual en cada vivienda, o bien centralizados formando baterías.
	Llave de paso general. Es la llave general que corta toda la instalación. Se dispone en la acometida y puede ser roscada o soldada.
	Bomba. Elemento impulsor del agua, cuya utilización normal es para elevar la presión del agua o impulsarla hasta lograr una cota de altura. Por lo general, se utilizan moto-bombas (motor y bomba incorporados en un mismo eje). Su utilización es frecuente, lo mismo en los circuitos de agua fría que caliente.
	Grupo de presión. Conjunto formado por una moto-bomba y un depósito, cuya utilización se verifica en las instalaciones que tienen presión insuficiente, lográndose con este mecanismo la presión adecuada para alcanzar los puntos de consumo peor situados.
	Depósito acumulador. Depósito de agua que permite la acumulación para el servicio de una instalación. Su uso puede ser muy diverso, se utiliza para grupos de presión, para acumular una capacidad que permita un caudal punta, para instalaciones de servicio intermitente, contraincendios, etc. Cuando su capacidad es muy grande, se desdobla en varios menores.

	Purgador. Es un elemento para eliminar el aire de las canalizaciones, puede ser manual o automático. Por lo general se dispone en los puntos más altos de la instalación, donde el aire tiene más posibilidades de embolsamiento.
	Antiariete. Es un elemento para absorber los aumentos de presión en la red, básicamente los producidos por golpes de ariete. Los hay de muy diversos tipos, de colchón de aire, de resorte, de membrana, etc. Se colocan en los puntos altos de las columnas, en instalaciones donde la velocidad del agua o el caudal sean elevados.
	Dilatador. Disposición de tuberías para absorber los cambios de longitud, debido a las temperaturas. Son imprescindibles en las instalaciones de agua caliente. Se consiguen con el trazado de la tubería al hacer una "U", o bien mediante elementos de compresión axial.
	Calentador. Punto donde toma el agua el calor necesario para la instalación del agua caliente sanitaria. Estos pueden ser instantáneos cuando calienta sólo el caudal que se consume, o acumuladores cuando mantienen caliente un volumen de reserva.
	Calentador acumulador
	Ventosa. Válvula para expulsar el aire. Por lo general automática. Se coloca en los puntos altos de la red de abastecimiento.
	Hidromezclador. Tipo de válvula para mezclar agua fría y caliente, hasta obtener una temperatura intermedia.

LEYENDA INSTALACIÓN SOLAR PARA A.C.S.	
———————	TUBERIA DE IMPULSIÓN DE Cu d20/22 AISLADA+AL
—— ——	TUBERIA DE RETORNO DE Cu d20/22 AISLADA+AL
⋈	VALVULA DE CORTE
	VALVULA DE EQUILIBRADO
	PURGADOR AUTOMÁTICO
	VALVULA DE SEGURIDAD
	COLECTOR TUBULAR
	BOMBA
	VASO DE EXPANSIÓN
	INTERACUMULADOR [MODELO EN PLANTA]

LEYENDA DE CALEFACCIÓN

▬►	VÁLVULA DE SEGURIDAD
⊗	EQUIPO DE REGULACIÓN EXTERIOR
⊳◁	LLAVE COMPUESTA
⊥⌐	VÁLVULA DE RETENCIÓN
►◄	LLAVE DE COMPUERTA CON GRIFO DE VACIADO
⊖	VASO DE EXPANSIÓN CERRADO VOLUMEN V — > 14 l.
⚡	GRIFO
⊗	EQUIPO DE REGULACIÓN AMBIENTAL
⊳◁	LLAVE DE PASO
⊖	PURGADOR
◆	BOMBA ACELERADORA
▭⊃	EQUIPO DE CALDERA PRESURIZADA PARA COMBUSTIBLE LÍQUIDO POTENCIA CALORÍFICA: P = > 11000 Kcal / h.
——————	CIRCUITO DE IDA
— — — —	CIRCUITO DE RETORNO

Unidades de energía

En energía hay dos unidades fundamentales y básicas: el julio (J) y el vatio (W), unidades fundamentales de energía y potencia del Sistema Internacional de Unidades. En la práctica, hay otras unidades de energía o relacionadas con ella que también conviene conocer.

- Barril de petróleo: 159 litros de petróleo = 0,13878 tep.
- B.T.U: (British Thermal Unit): 1 BTU = 252 calorías = 1055 J.
- Caloría: Cantidad de calor necesario para elevar la temperatura de 1 gramo de agua de 14´5ºC a 15´5ºC.
- 1 caloría = 4,1878 J.
- Gigavatio (GW): Mil millones de vatios (un millón de kilovatios) = 109 W= 1 millón de kW.
- Gigavatio-hora (GWh): Un millón de kilovatios-hora.
- Julio (J): Unidad de energía igual al trabajo hecho por la fuerza de un newton (N) que desplaza su punto de aplicación un metro (m).

Es la unidad básica de energía del Sistema Internacional de Unidades.

- kilocaloría (kcal): 1000 calorías = 4186,8 J.

- kilovatio (kW): Unidad de potencia. 1 kW = 1000 W = 1000 J/s.

- Megavatio (MW): 1 millón de vatios (W)= 1000kW.m^3 (habitualmente, en condiciones "normales" de 1 bar y 0ºC) de gas natural = 8,3Mcal = 3,47.107J = 0,83 kep.

- tec: Tonelada equivalente de carbón = 7000 Mcal = 0,7 tep.

- tep: Tonelada equivalente de petróleo.

- Mcal = 4,1868.1010 J. Es una unidad de energía muy frecuente.

- Teracaloría: Un billón de calorías

- Teravatio (TW): Un billón de vatios (1012 W).

- Teravatio-hora: Un billón de vatios-hora (1012 W.h).

- Termia: Mil kilocalorías (103 kcal).

- 1 tonelada de leña: = 0,45 tep = 4,5.106 kcal tonelada de uranio: 10000 tep = 4,1868.1016 J.

- Vatio (W): Unidad de potencia. 1 W = 1 J/s. Más usual el kilovatio (kW).

- Vatio-hora (Wh): Unidad de energía 1W.h = 3600 J. Más frecuente kW.h = 3,6. 106 J.

- Metro de columna de agua: Unidad de presión del Sistema técnico de unidades, y equivale a la presión ejercida por una columna de agua pura de un metro de altura. Es un múltiplo de la unidad columna de agua. Su símbolo es m.c.a. También se utiliza el milímetro de columna de agua (mm.c.d.a.). Su equivalencia es: 1 m.c.a. = 9,81 kPa

- 1m.c.a. = 1000 mm.c.d.a.

- KJ – Kcal – KWh: La unidad internacional de energía es el Julio, pero habitualmente se mide en kilocalorías (kcal) (1 kcal = 1000 calorías) o en kilojulios (kJ) (1 kcal = 4.184 kJ).

Julios y Calorías

- 1 kilojulio (kJ) = 1000 julios (J).
- 1 kilocaloría (kcal) = 4.184 kJ
- 1 kJ = 0.24 kcal
- 1 megajulio (MJ) = 1000 kJ = 240 kcal
- 1 kcal = 0.004184 MJ

Wattios y Julios

- 1 W/h (vatio/hora) = 3600 J (julios).
- 1 kWh (kilovatio/hora) = 3.6×106 J.
- 1 julio/seg = 1 wattio.

Wattios y Calorías

- 1 caloría/segundo (cal/s) = 4,184 wattios (W).
- Julio – Newton x metro – Kg - Caballo Vapor.
- 1 caballo de vapor (hp) = 745,7 watios (W).
- 1 caballo de vapor (hp) = 178,2 (cal/seg).

Densidad

Densidad de una sustancia, simbolizada habitualmente por la letra griega ρ es una magnitud referida a la cantidad de masa contenida en un determinado volumen. Ejemplo: un objeto pequeño y pesado, como una piedra de granito o un trozo de plomo, es más denso que un objeto grande y liviano hecho de corcho o de espuma de poliuretano.

La **densidad** o *densidad absoluta* es la magnitud que expresa la relación entre la masa y el volumen de un cuerpo. Su unidad en el Sistema Internacional es el

<u>kilogramo por metro cúbico</u> (kg/m^3), aunque frecuentemente se expresa en **g/cm^3**.

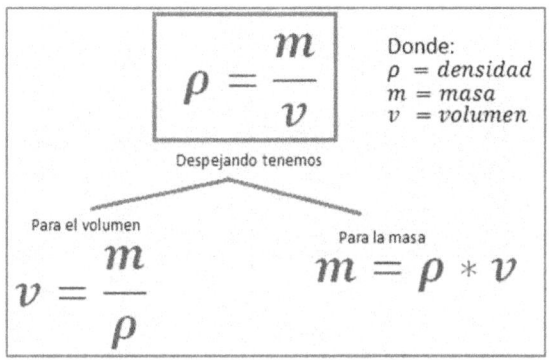

Donde:
ρ = densidad
m = masa
v = volumen

$$\rho = \frac{m}{v}$$

Despejando tenemos

Para el volumen

$$v = \frac{m}{\rho}$$

Para la masa

$$m = \rho * v$$

Tabla de densidades de las sustancias

Sustancia	Densidad media (en kg/m^3)
Aceite	920
Acero	7850
Agua destilada a 4°C	1000
Agua de mar	1027
Aire	1,2
Aerogel	1-2
Alcohol	780
Magnesio	1740
Aluminio	2700
Carbono	2260

Caucho	950
Cobre	8960
Cuerpo humano	950
Diamante	3515
Gasolina	680
Helio	0,18
Hielo	980
Hierro	7874
Hormigón armado	2500-3500
Madera	600 - 900
Mercurio	13580
Oro	19300
Wolframio	19250
Uranio	19050
Tántalo	16650
Torio	11724
Estaño	7310
Piedra pómez	700
Plata	10490
Osmio	22610
Iridio	22560
Platino	21450
Plomo	11340
Poliuretano	40
Sangre	1480 - 1600
Tierra (planeta)	5515
Vidrio	2500

Tablas y Esquemas

Tabla 3. Radiación interceptada por una superficie inclinada.

* PROVINCIA : MADRID
* LATITUD : 40.42
* ORIENTACION : SUR
* UNIDADES : KJ/M2

PENDIENTE	ENE	FEB	MAR	ABR	MAY	JUN	JUL	AGO	SEP	OCT	NOV	DIC	TOTAL
0	6362	9798	14150	19552	21184	23530	25874	22986	16118	10762	7326	6236	5604298
5	7054	10584	14868	19990	21388	23414	26048	23438	16790	11496	8078	7088	5803292
10	7704	11316	15504	20410	21480	23566	26072	23754	17366	12168	8782	7892	5972362
15	8312	11982	16040	20712	21444	23382	25940	23970	17840	12770	9440	8654	6107994
20	8870	12576	16504	20902	21298	23072	25658	24064	18214	13300	10042	9368	6209950
25	9380	13098	16862	20966	21072	22648	25274	24018	18484	13752	10582	10022	6278924
30	9832	13544	17122	20910	20726	22138	24764	23826	18638	14124	11060	10612	6312798
35	10224	13904	17282	20730	20270	21508	24114	23496	18694	14410	11472	11138	6310386
40	10554	14184	17342	20436	19702	20764	23330	23024	18634	14612	11814	11592	6271428
45	10818	14378	17300	20024	19026	19908	22406	22420	18474	14728	12082	11972	6195994
50	11014	14482	17154	19494	18250	18944	21360	21688	18198	14754	12274	12278	6084294
55	11148	14498	16908	18860	17380	17854	20200	20828	17818	14692	12390	12502	5937902
60	11206	14428	16566	18118	16424	16780	18948	19852	17338	14542	12430	12644	5759668
65	11194	14266	16128	17278	15432	15638	17680	18768	16756	14308	12394	12704	5554124
70	11114	14022	15596	16342	14384	14426	16320	17586	16084	13984	12278	12686	5318286
75	10966	13686	14974	15324	13266	13150	14856	16366	15320	13582	12084	12584	5054892
80	10750	13274	14274	14238	12094	11820	13380	15062	14472	13100	11820	12400	4765032
85	10464	12782	13488	13308	10874	10524	11820	13682	13552	12538	11480	12136	4452878
90	10118	12212	12634	11916	9650	9270	10384	12744	12554	11906	11068	11792	4126744

Tablas de temperaturas y radiación

Temperatura ambiente media durante las horas de sol, en °C. (Fuente: CENSOLAR).

		ENE	FEB	MAR	ABR	MAY	JUN	JUL	AGO	SEP	OCT	NOV	DIC	AÑO
1	ÁLAVA	7	7	11	12	15	19	21	21	19	15	10	7	13,7
2	ALBACETE	6	8	11	13	17	22	26	26	22	16	11	7	15,4
3	ALICANTE	13	14	16	18	21	25	28	28	26	21	17	14	20,1
4	ALMERÍA	15	15	16	18	21	24	27	28	26	22	18	16	20,5
5	ASTURIAS	9	10	11	12	15	18	20	20	19	16	12	10	14,3
6	ÁVILA	4	5	8	11	14	18	22	22	18	13	8	5	12,3
7	BADAJOZ	11	12	15	17	20	25	28	28	25	20	15	11	18,9
8	BALEARES	12	13	14	17	19	23	26	27	25	20	16	14	18,8
9	BARCELONA	11	12	14	17	20	24	26	26	24	20	16	12	18,5
10	BURGOS	5	6	9	11	14	18	21	21	18	13	9	5	12,5
11	CÁCERES	10	11	14	16	19	25	28	28	25	19	14	10	18,3
12	CÁDIZ	13	15	17	19	21	24	27	27	25	22	18	15	20,3
13	CANTABRIA	11	11	14	14	16	19	21	21	20	17	14	12	15,8
14	CASTELLÓN	13	13	15	17	20	24	26	27	25	21	16	13	19,2
15	CEUTA	15	15	16	17	19	23	25	26	24	21	18	16	19,6
16	CIUDAD REAL	7	9	12	15	18	23	28	27	20	17	11	8	16,3
17	CÓRDOBA	11	13	16	18	21	26	30	30	26	21	16	12	20
18	LA CORUÑA	12	12	14	14	16	19	20	21	20	17	14	12	15,9
19	CUENCA	5	6	9	12	15	20	24	23	20	14	9	6	13,6
20	GERONA	9	10	13	15	19	23	26	25	23	18	13	10	17
21	GRANADA	9	10	13	16	18	24	27	27	24	18	13	9	17,3
22	GUADALAJARA	7	8	12	14	18	22	26	26	22	16	10	8	15,8
23	GUIPÚZCOA	10	10	13	14	16	19	21	21	20	17	13	10	15,3
24	HUELVA	13	14	16	20	21	24	27	27	25	21	17	14	19,9
25	HUESCA	7	8	12	15	18	22	25	25	21	16	11	7	15,6
26	JAÉN	11	11	14	17	21	26	30	29	25	19	15	10	19
27	LEÓN	5	6	10	12	15	19	22	22	19	14	9	6	13,3
28	LÉRIDA	7	10	14	15	21	24	27	27	23	18	11	8	17,1
29	LUGO	8	9	11	13	15	18	20	21	19	15	11	8	14
30	MADRID	6	8	11	13	18	23	28	26	21	15	11	7	15,6
31	MÁLAGA	15	15	17	19	21	25	27	28	26	22	18	15	20,7
32	MELILLA	15	15	16	18	21	25	27	28	26	22	18	16	20,6
33	MURCIA	12	12	15	17	21	25	28	28	25	20	16	12	19,3
34	NAVARRA	7	7	11	13	16	20	22	23	20	15	10	8	14,3
35	ORENSE	9	9	13	15	18	21	24	23	21	16	12	9	15,8
36	PALENCIA	5	7	10	13	16	20	23	23	20	14	9	6	13,8
37	LAS PALMAS	20	20	21	22	23	24	25	25	26	25	23	21	22,9
38	PONTEVEDRA	11	12	14	16	18	20	22	23	20	17	14	12	16,6
39	LA RIOJA	7	9	12	14	17	21	24	24	21	16	11	8	15,3
40	SALAMANCA	6	7	10	13	16	20	24	23	20	14	9	6	14
41	STA. C. DE TENERIFE	19	20	20	21	22	24	26	27	26	25	23	20	22,8
42	SEGOVIA	4	6	10	12	15	20	24	23	20	14	9	5	13,5
43	SEVILLA	11	13	14	17	21	25	29	29	24	20	16	12	19,3
44	SORIA	4	6	9	11	14	19	22	22	18	13	8	5	12,6
45	TARRAGONA	11	12	14	16	19	22	25	26	23	20	15	12	17,9
46	TERUEL	5	6	9	12	16	20	23	24	19	14	9	6	13,6
47	TOLEDO	8	9	13	15	19	24	28	27	23	17	12	8	16,9
48	VALENCIA	12	13	15	17	20	23	26	27	24	20	16	13	18,8
49	VALLADOLID	4	6	9	12	17	21	24	23	18	13	8	4	13,3
50	VIZCAYA	10	11	12	13	16	20	22	22	20	16	13	10	15,4
51	ZAMORA	6	7	11	13	16	21	24	23	20	15	10	6	14,3
52	ZARAGOZA	8	10	13	16	19	23	26	26	23	17	12	9	16,8

Factor de corrección k para superficies inclinadas. Representa el cociente entre la energía total incidente en un día sobre una superficie orientada hacia el ecuador e inclinada un determinado ángulo, y otra horizontal.

Incli.	ENE	FEB	MAR	ABR	MAY	JUN	JUL	AGO	SEP	OCT	NOV	DIC
0	1	1	1	1	1	1	1	1	1	1	1	1
5	1,08	1,07	1,05	1,04	1,02	1,02	1,02	1,04	1,06	1,09	1,1	1,1
10	1,16	1,13	1,1	1,06	1,04	1,03	1,04	1,07	1,11	1,16	1,19	1,18
15	1,22	1,18	1,13	1,09	1,05	1,04	1,05	1,09	1,16	1,23	1,28	1,27
20	1,28	1,23	1,17	1,1	1,05	1,04	1,06	1,11	1,2	1,3	1,36	1,34
25	1,34	1,27	1,19	1,11	1,05	1,03	1,05	1,12	1,23	1,35	1,43	1,41
30	1,38	1,3	1,2	1,11	1,04	1,01	1,04	1,12	1,25	1,4	1,49	1,47
35	1,42	1,32	1,21	1,1	1,02	0,99	1,02	1,11	1,26	1,43	1,54	1,52
40	1,45	1,34	1,21	1,08	0,99	0,96	1	1,1	1,26	1,46	1,59	1,56
45	1,47	1,35	1,2	1,06	0,96	0,92	0,96	1,08	1,26	1,48	1,62	1,59
50	1,48	1,34	1,19	1,03	0,92	0,88	0,92	1,05	1,25	1,48	1,64	1,61
55	1,48	1,33	1,16	0,99	0,87	0,83	0,88	1,01	1,22	1,48	1,65	1,62
60	1,47	1,32	1,13	0,95	0,82	0,78	0,82	0,97	1,19	1,47	1,65	1,62
65	1,46	1,29	1,09	0,9	0,76	0,72	0,77	0,92	1,16	1,44	1,64	1,61
70	1,43	1,26	1,05	0,85	0,7	0,65	0,7	0,86	1,11	1,41	1,62	1,59
75	1,4	1,21	1	0,78	0,64	0,58	0,64	0,8	1,06	1,37	1,59	1,56
80	1,36	1,16	0,94	0,72	0,56	0,51	0,56	0,73	0,99	1,32	1,54	1,52
85	1,31	1,11	0,87	0,65	0,49	0,43	0,49	0,66	0,93	1,26	1,49	1,48
90	1,25	1,04	0,8	0,57	0,41	0,35	0,41	0,58	0,85	1,19	1,43	1,42

Sistema de apoyo con termo de gran producción STIEBEL ELTRON SHO
Para grandes consumos: hoteles, hospitales, etc.

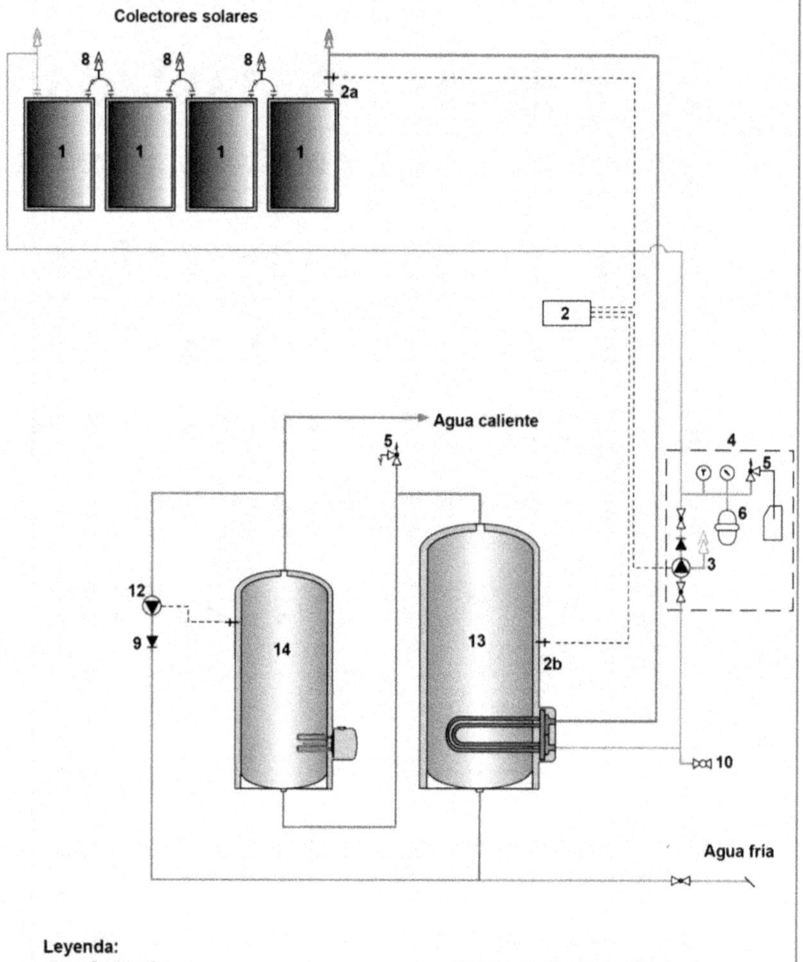

Colectores solares

Agua caliente

Agua fría

Leyenda:

1	Colector solar	8	Conexión entre colectores con purga de aire
2	Regulador solar SOM	9	Válvula antirretorno
2a	Sonda en el colector	10	Llave de llenado y vaciado
2b	Sonda en el termoacumulador	12	Bomba de carga solar y circuito anti-legionella
3	Bomba de circulación con purga de aire	13	Interacumulador solar
4	Instalación compacta	14	Acumulador electrico STIEBEL ELTRON
5	Válvula de seguridad		200 a 1.000 litros; 6 a 72 Kw
6	Vaso de expansión		

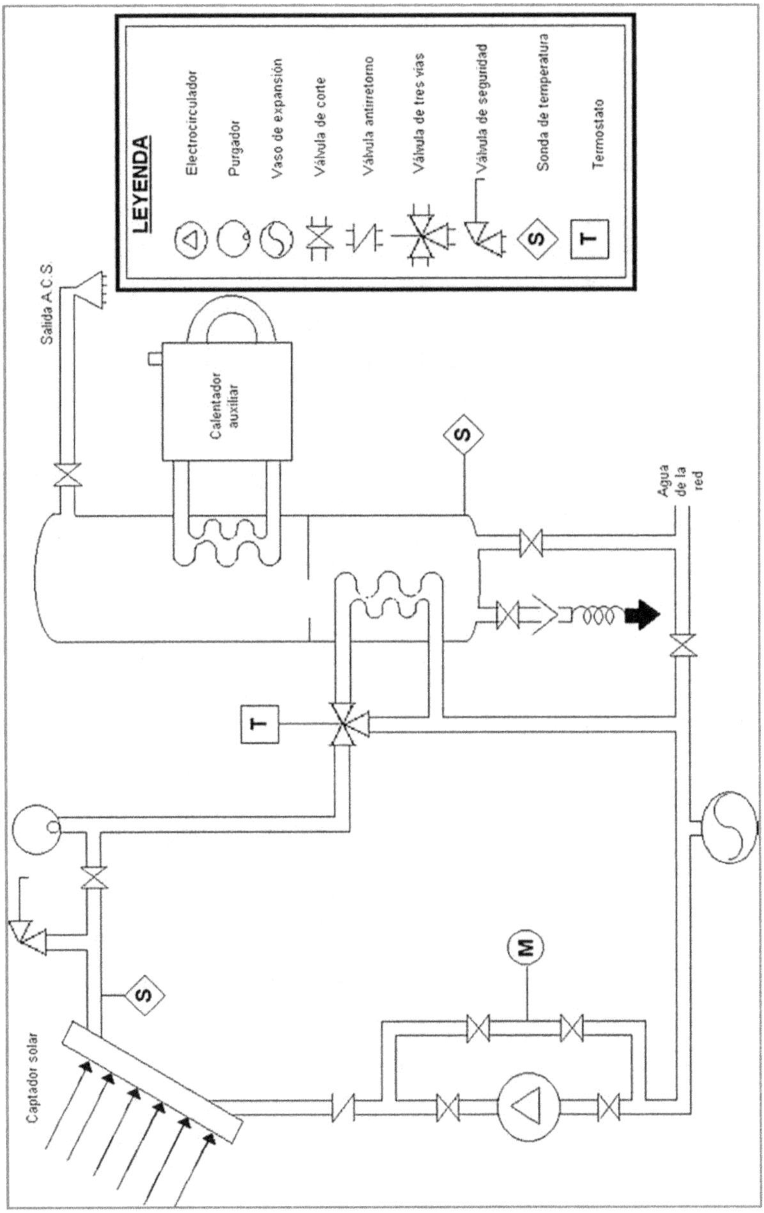

LEYENDA

Electrocirculador

Purgador

Vaso de expansión

Válvula de corte

Válvula antirretorno

Válvula de tres vías

Válvula de seguridad

Sonda de temperatura

Termostato

Salida A.C.S

Calentador auxiliar

Agua de la red

Captador solar

SISTEMA AUXILIAR

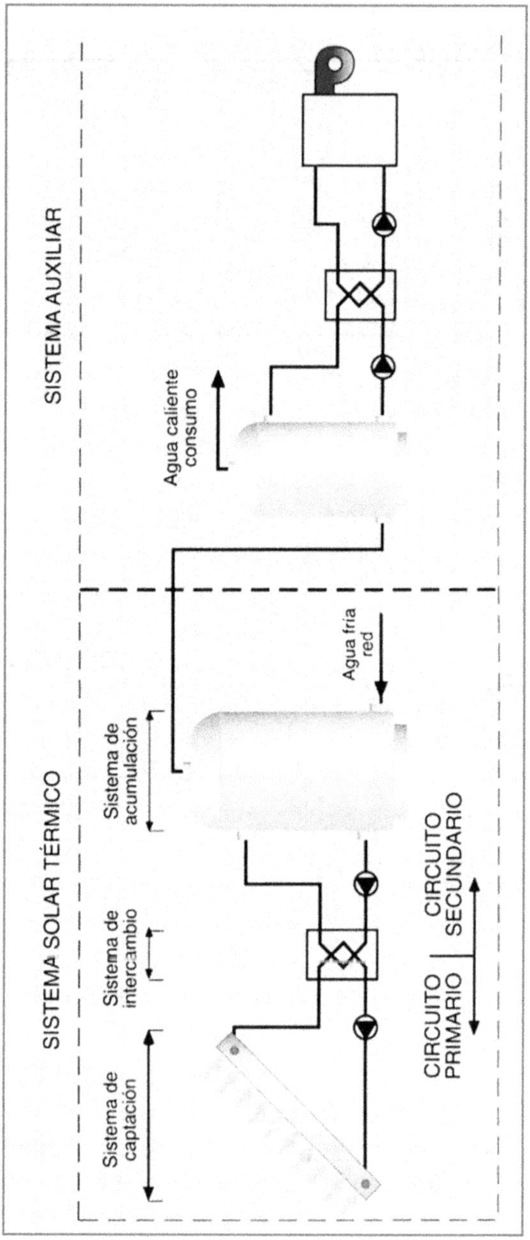

SISTEMA SOLAR TÉRMICO

Agua caliente consumo

Agua fria red

Sistema de acumulación

Sistema de intercambio

Sistema de captación

CIRCUITO PRIMARIO | CIRCUITO SECUNDARIO

Cubierta transparente

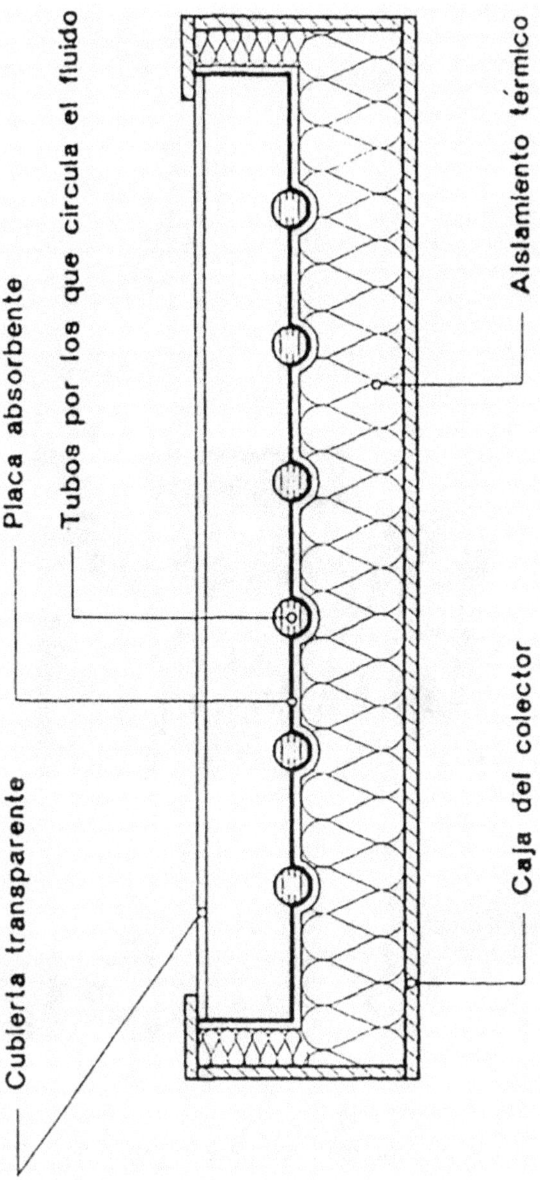

Placa absorbente

Tubos por los que circula el fluido

Aislamiento térmico

Caja del colector

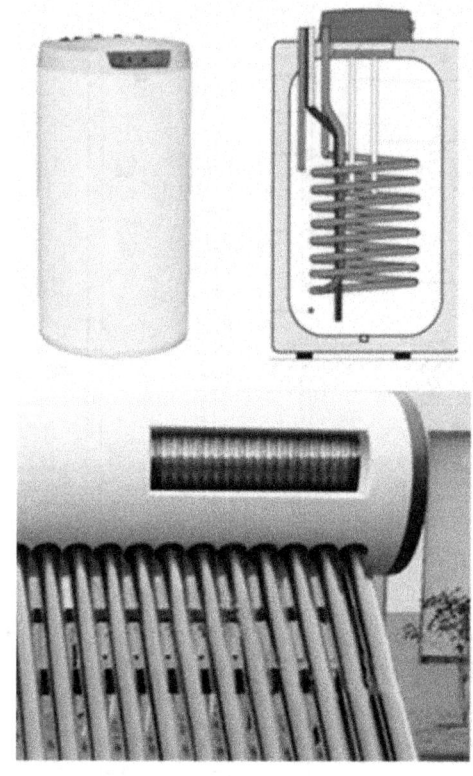

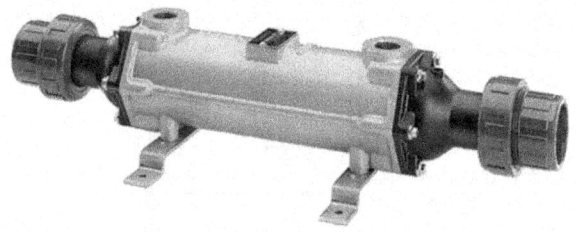

Intercambiadores interno y externo

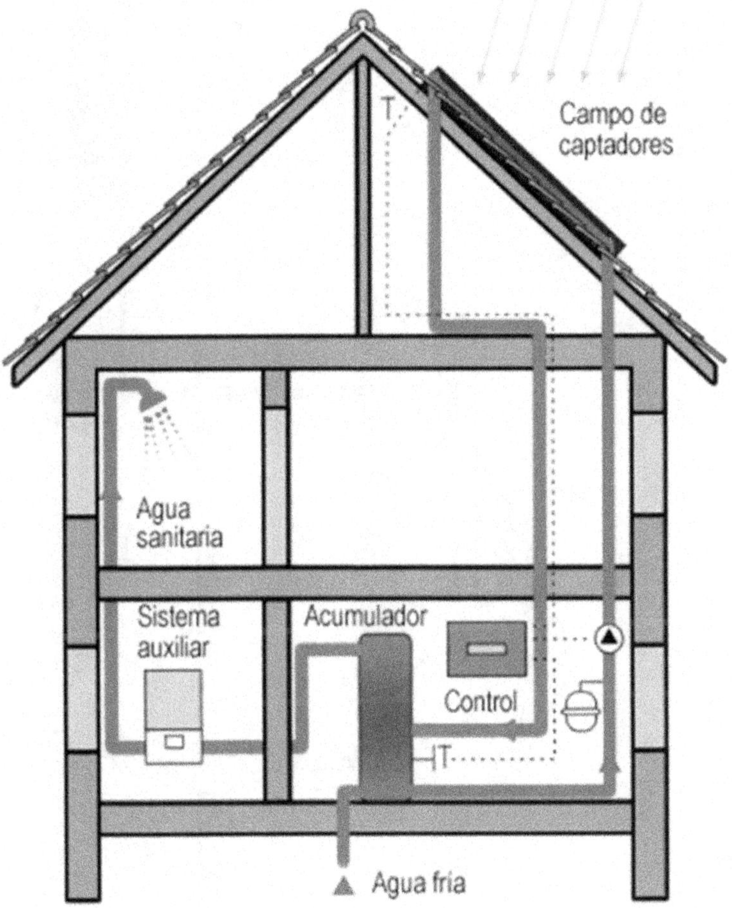

Campo de
captadores

T

Agua
sanitaria

Sistema
auxiliar

Acumulador

Control

T

▲ Agua fría

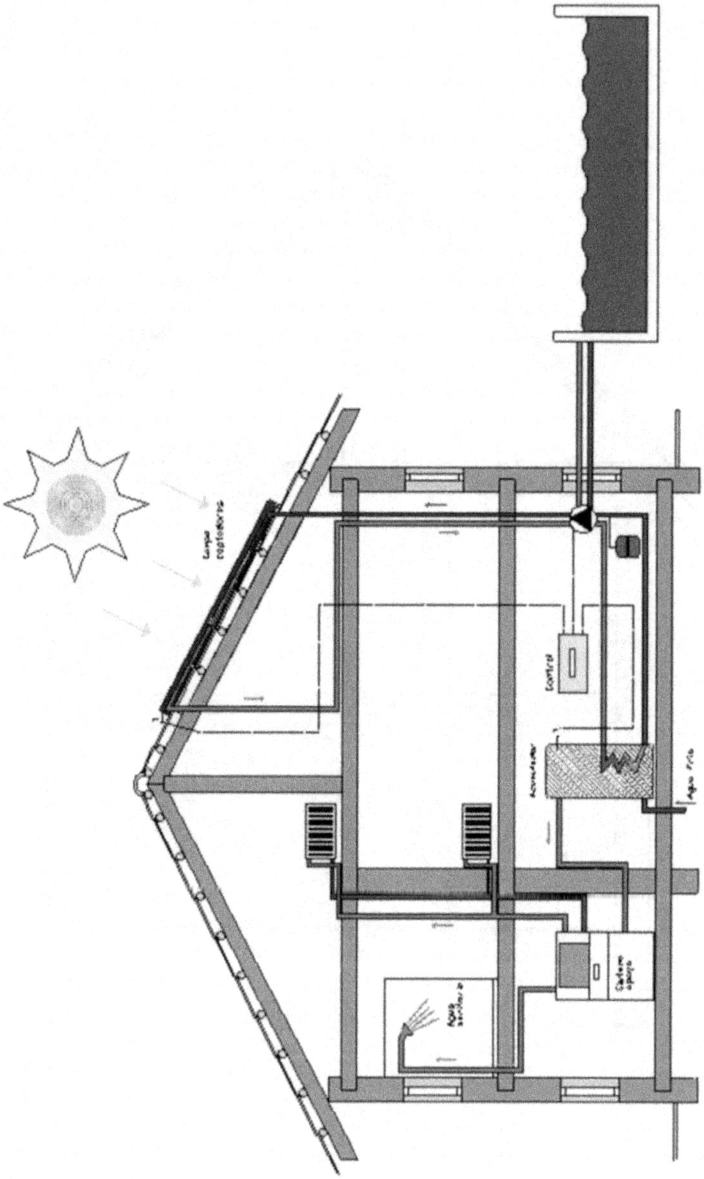

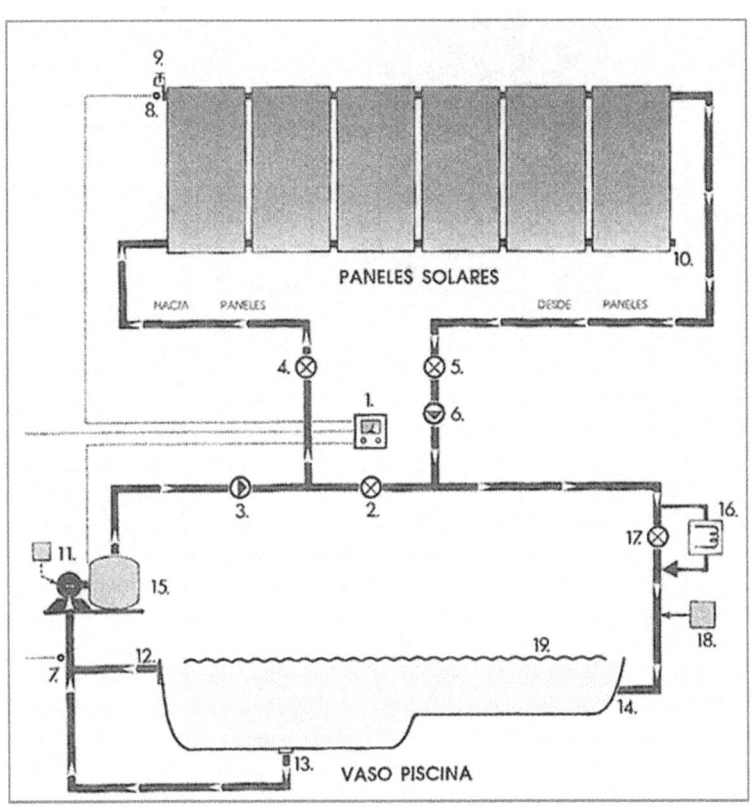

PANELES SOLARES

HACIA PANELES   DESDE PANELES

VASO PISCINA

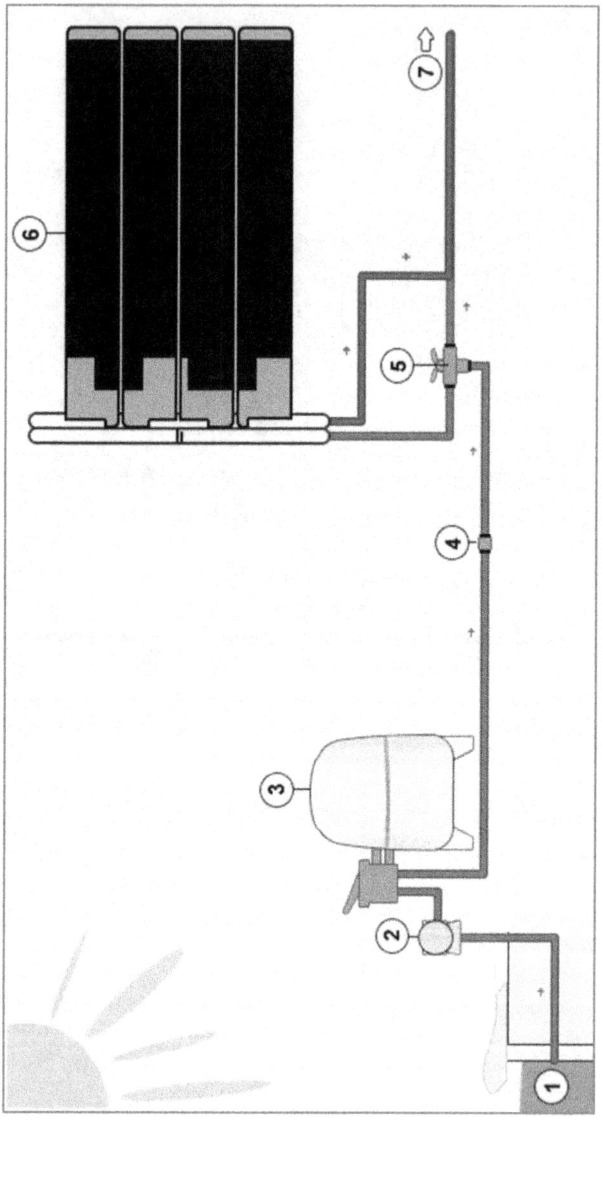

Glosario de términos

A

<u>Absorbedor</u>: Componente de un captador solar cuya función es absorber la energía radiante y transferirla en forma de calor a un fluido.

<u>Acumulador solar o depósito solar</u>: Depósito en el que se acumula el agua calentada por energía solar.

<u>Aire ambiente</u>: Aire (tanto interior como exterior) que envuelve a un acumulador de energía térmica, a un captador solar o a cualquier objeto que se esté considerando.

<u>Apertura</u>: Superficie a través de la cual la radiación solar no concentrada es admitida en el captador.

<u>Área de apertura</u>: Es la máxima proyección plana de la superficie del colector transparente a la radiación solar incidente no concentrada.

<u>Autogeneración</u>: Generación de energías intermedias por parte del propio consumidor.

B

Balance energético: Contabilidad de cantidades de energía intercambiadas por un sistema o en un proceso.

Bloqueos: Parte de la radiación reflejada por un helióstato que es obstruida por el helióstato que está delante y no alcanza el receptor.

Bomba de calor: Dispositivo en el que se transfiere calor de un foco térmico a otro. El nombre de bomba de calor se suele aplicar más frecuentemente cuando el foco al que se aporta calor está a mayor temperatura que el ambiente.

Bombas de circulación: Dispositivo electromecánico que produce la circulación forzada del fluido a través de un circuito.

C

Captador de tubos de vacío: Captador de vacío que utiliza un tubo transparente (normalmente de cristal) donde se ha realizado el vacío entre la pared del tubo y el absorbedor.

Captador solar plano: Captador solar sin concentración cuya superficie absorbedora es sensiblemente plana.

Captador solar térmico: Dispositivo diseñado para absorber la radiación solar y transmitir la energía térmica así producida a un fluido de trabajo que circula por su interior. Dispositivo para transformar la energía radiante del sol en energía térmica, que se transmite a un fluido. Está constituido básicamente por una cubierta transparente (lo más frecuente, un vidrio), una placa absorbente negra por la que circula un fluido, un aislante y una caja que encierra el conjunto.

Central energética termosolar (igual a Sistemas Termo Solares de Concentración STSC): Instalación solar en la que se obtiene energía útil (electricidad y/o calor) a partir de la radiación solar, previa su transformación en energía térmica, normalmente a media y alta temperatura.

Centrales Eléctricas Termosolares CETS: Son Sistemas Termosolares de Concentración para la transformación de la componente directa de la

radiación solar en energía térmica a alta temperatura y está en electricidad.

Central electrosolar (CES): Instalación donde se produce electricidad a partir de la radiación solar. Puede ser térmica o fotovoltaica.

Central energética: Instalación donde se transforma una fuente de energía primaria en energía útil (normalmente electricidad y/o calor).

Ciclo de potencia: Proceso cíclico donde se consume calor y se produce trabajo y calor. Si el calor producido se aprovecha el ciclo se llama de cogeneración.

Cogeneración: Generación simultánea de calor y electricidad en la misma máquina térmica con aprovechamiento de ambas formas energéticas. En realidad, todas las máquinas térmicas son de cogeneración aunque en muchas no se aprovecha el calor y entonces no se trataría de cogeneración.

Consumo final de energía: Consumo energético en la fase final del proceso. A nivel doméstico, electricidad y combustibles, principalmente.

Conversión fototérmica: Transformación de radiación solar en energía interna de tipo térmico.

Conversión termodinámica: Transformación de calor en trabajo por medio de una máquina térmica, con cesión de calor a un foco frío.

Carcasa: Es el componente del colector que conforma su superficie exterior, fija la cubierta, contiene y protege a los restantes componentes del colector y soporta los anclajes del mismo.

Circuito de consumo: Circuito por el que circula agua de consumo.

Circuito primario: Circuito del que forman parte los captadores y las tuberías que los unen, en el cual el fluido recoge la energía solar y la transmite.

Circuito secundario: Circuito en el que se recoge la energía transferida del circuito primario para ser distribuida a los puntos de consumo.

Controlador antihielo: Dispositivo que impide la congelación del fluido de trabajo.

Controlador diferencial de temperaturas: Dispositivo electrónico que comanda distintos elementos electrónicos de la instalación (bombas, electroválvulas, etc.) en función, principalmente, de las temperaturas en distintos puntos de dicha instalación.

<u>Cubierta</u>: Elemento o elementos transparentes (o traslúcidos) que cubren el absorbedor para reducir las pérdidas de calor y protegerlo de la intemperie.

D

<u>Depósito de expansión</u>: Dispositivo que permite absorber las variaciones de volumen y presión en un circuito cerrado producidas por las variaciones de temperatura del fluido circulante. Puede ser abierto o cerrado, según esté o no en comunicación con la atmósfera.

<u>Desbordamiento</u>: Parte de la radiación que sale de un concentrador y no alcanza el absorbedor. La mayor parte "desborda" el receptor y de ahí el nombre, en inglés "spillage".

E

<u>Eficiencia energética</u>: Idea general de mejora de comportamiento energético de un dispositivo, proceso o sistema. También cociente entre la energía mínima y la real consumida en un proceso, dispositivo o sistema.

Entalpía: Forma de energía asociada a la masa que tiene importancia en un fluido que circula por una tubería, un canal o cualquier otro dispositivo similar. Incluye la energía interna y la energía de flujo consecuencia del empuje que el fluido inmediatamente anterior al que estamos considerando ejerce para que siga en movimiento.

Espectro solar: Distribución espectral (función de la longitud de onda) de la radiación solar.

F

Factor coseno: Efecto de disminución de la irradiancia incidente en un receptor solar consecuencia del ángulo de incidencia de la radiación sobre el plano de reflexión. Esa disminución es igual del coseno de ese ángulo; de ahí el nombre.

Forzamiento radiactivo: Efecto de aumento o disminución de la energía que intercambia la Tierra como consecuencia de las interacciones de la radiación solar (de onda corta) y/o terrestre (de onda larga) con los componentes atmosféricos. Pueden ser positivos o negativos según que aumenten o disminuyan esos intercambios.

<u>Fuentes renovables de energía (RES en inglés)</u>: Formas de energía que se reproducen temporalmente con periodos fijos o variables. Se incluyen la solar, hidráulica, biomasa, eólica, de las mareas, de las olas, geotérmica, térmica y salina de los mares y océanos.

<u>Fluido de transferencia de calor o fluido de trabajo</u>: Es el fluido encargado de recoger y transmitir la energía captada por el absorbedor.

G

<u>Grado Celsius (ºC)</u>. Valor de la temperatura en la escala de temperatura del mismo nombre, con origen en el punto de fusión del agua (0 ºC) y con el valor 100 ºC en el punto de evaporación también del agua. Al ser una escala centígrada (100 grados entre los puntos fijos principales) a veces se confunde grados Celsius con grados centígrados.

H

<u>Helióstato</u>: Dispositivo plano o con curvatura muy pequeña formado con superficies especulares y dotado de sistemas de seguimiento de la trayectoria

solar. Los helióstatos constituyen una de las partes esenciales de las centrales termosolares de receptor central.

I

IDAE: Instituto para la Diversificación y Ahorro de la Energía, dependiente del Ministerio de Industria. www.idae.es.

Instalaciones abiertas: Instalaciones en las que el circuito primario está comunicado de forma permanente con la atmósfera.

Instalaciones cerradas: Instalaciones en las que el circuito primario no tiene comunicación directa con la atmósfera.

Instalaciones con circulación forzada: Instalación equipada con dispositivos que provocan la circulación forzada del fluido de trabajo.

Instalaciones de sistema directo: Instalaciones en las que el fluido de trabajo es la propia agua de consumo que pasa por los captores.

Instalaciones de sistema indirecto: Instalaciones en las que el fluido de trabajo se mantiene en un circuito

separado, sin posibilidad de comunicarse con el circuito de consumo.

Instalaciones por termosifón: Instalaciones en la que el fluido de trabajo circula por convección libre.

Intercambiador de calor: Dispositivo en el que se produce la transferencia de energía del circuito primario al circuito secundario.

Intensidad energética: Relación entre la energía consumida y el Producto Interior Bruto. Mide la eficiencia energética global de un sistema económico, evidentemente en sentido inverso. Se puede dar en base a la energía primaria o intermedia consumida y también por sectores.

Irradiación: Energía incidente por unidad de superficie sobre un plano dado, obtenida por integración de la irradiancia durante un intervalo de tiempo dado, normalmente una hora o un día. Se expresa en MJ/m^2 o kWh/m^2. Cantidad de radiación solar por unidad de superficie que llega a un plano. Se expresa en J/m2 (julios dividido por metro cuadrado) o en kWh/m2.

Irradiancia solar: Cantidad de radiación solar por unidad de superficie y de tiempo que llega a un plano. Se expresa en W/m2 (vatios divididos por metro

cuadrado). Puede ser directa, difusa o reflejada. Potencia radiante incidente por unidad de superficie sobre un plano dado. Se expresa en W/m^2.

J

Junta de cubierta: Es un elemento cuya función es asegurar la estanqueidad de la unión cubierta-carcasa.

M

Máquina de absorción: Dispositivo que permite la transformación de la energía térmica a alta temperatura en energía térmica a baja temperatura. Es decir, la transformación de calor en frío.

Máquina térmica: Dispositivo en el que se transforma calor en trabajo.

Materiales aislantes: Son aquellos materiales de bajo coeficiente de conductividad térmica, cuyo empleo en el colector solar tiene por objeto reducir las pérdidas de calor por la parte posterior y laterales.

Múltiplo solar: Cociente entre la energía térmica producida por el campo solar en condiciones de

diseño y la necesaria para hacer funcionar la turbina a potencia nominal.

N

Nuevas renovables: Aunque algunas son tan antiguas como la Tierra, con el término nuevas renovables se designan a fuentes renovables que se utilizan a través de dispositivos modernos como células fotovoltaicas, captadores térmicos, aerogeneradores, etc. Obviamente, son la solar, eólica, biocombustibles, pequeñas hidroeléctricas, de los mares y océanos y la geotérmica que, aunque no es estrictamente renovable, se le incluye en esta denominación.

P

Pérdidas por distribución y transmisión: Incluye pérdidas en los sistemas de transporte y distribución de energías intermedias y primarias. Sobre todo en los sectores de gas natural, petróleo, carbón y electricidad.

Plantas de calor: Instalaciones que generan calor a partir de combustibles aunque también se incluye la

electricidad como energía de entrada. Lo mejor en este último caso es la bomba de calor.

Plantas de ciclo combinado: Plantas de generación de electricidad formada por dos sistemas (ciclos de potencia) acoplados por una caldera de recuperación que aprovecha los gases de escape de una turbina de gas para generar vapor que acciona la turbina de vapor del segundo sistema.

Plantas de energías renovables: Instalaciones que emplean como energía de entrada cualquier forma de energía renovable.

Plantas híbridas: Instalaciones que emplean como formas energéticas de entrada varias formas energéticas simultáneamente, sean todas ellas renovables o unas renovables y otras convencionales.

Plantas térmicas convencionales: Instalaciones que generan electricidad a partir de un combustible convencional (carbón, gas natural o fuel-oil). No incluyen biomasa ni solar que se incluyen en plantas de energías renovables.

Poder calorífico (superior e inferior): Cantidad de calor que se produce en una combustión, en determinadas condiciones típicas (1 bar y 25 °C) con la cantidad

justa de oxígeno. Es la variación de entalpía de la combustión hasta que los productos de la combustión alcanzan las condiciones ambiente. Si se excluye el calor de condensación del vapor de agua producido, se tiene el PCI (poder calorífico inferior).

Potencia: Variación de la energía intercambiada con el tiempo. La unidad de potencia es el vatio (W). 1 W = 1 J/s.

Purgador de aire: Dispositivo que permite la salida del aire acumulado en el circuito. Puede ser manual o automático.

R

Radiación: Forma de transmisión de energía sin intervención de materia. Esta forma de energía la producen y absorben todos los cuerpos. Se puede entender como campos electromagnéticos que se desplazan a la velocidad de la luz.

Radiación solar: Es la energía procedente del sol en forma de ondas electromagnéticas. Radiación producida por el sol con una temperatura equivalente a 5777 K y que llega al exterior de la Tierra con una intensidad de 1367 W/m^2.

<u>Radiación solar sobre una superficie</u>: Radiación solar global que incide en una determinada superficie situada en la Tierra, sea fija o en movimiento, en un determinado periodo de tiempo. Su intensidad (irradiancia) máxima es del orden de 1000 W/m^2.

<u>Radiación solar directa sobre una superficie</u>: Componente de la radiación solar global que incide directamente desde el sol (no es reflejada ni difundida por ningún componente atmosférico) en una determinada superficie situada en la Tierra, sea fija o en movimiento. Su intensidad (irradiancia directa) máxima es del orden de 1000 W/m^2. Las otras componentes de la radiación solar global son la difusa (que es la difundida por los componentes atmosféricos) y la de albedo (la reflejada por una superficie terrestre, como el suelo o pared) y que llega a la superficie objeto.

<u>Razón de concentración</u>: Cociente entre el área de la superficie que presenta el receptor a la radiación concentrada y el área de la superficie de captación encargada de la concentración de la radiación incidente.

<u>Razón de concentración geométrica, Cg</u>: Es el cociente entre la superficie de captación (helióstato, canal parabólico, lente o paraboloide) de la componente directa de la radiación solar que llega a un dispositivo de concentración y la superficie del receptor.

<u>Receptor</u>: Elemento importante de una planta solar a la que llega la radiación solar concentrada. Normalmente, en su interior se encuentra el absorbedor donde se realiza la transformación energética de la radiación solar a energía térmica del fluido de trabajo.

<u>Recurso</u>: Cantidad de una fuente energética o mineral con ciertas características de recuperación geológica y técnico-económica, pero que se considera que es previsible que puedan llegar a ser recuperables con futuros desarrollos técnicos y económicos.

<u>Rendimiento</u>: Cociente entre lo que se extrae de un dispositivo, sistema o proceso y lo que se aporta. Normalmente es menor que 1 pero, en el ámbito energético puede ser mayor que 1 cuando la energía que se aporta tiene mayor calidad energética que la que se obtiene.

<u>Rendimiento energético</u>: Relación entre la cantidad de energía obtenida en un convertidor y la energía empleada.

<u>Rendimiento termodinámico</u>: Igual que rendimiento energético, aunque debería aplicarse al rendimiento energético.

<u>Rendimiento energético</u>: Cociente entre la energía extraída de un dispositivo, sistema o proceso y la aportada al mismo. En este caso, siempre es menor que 1.

S

<u>Sistema compacto</u>: Equipo solar prefabricado cuyos elementos se encuentran montados en una sola unidad, aunque físicamente pueden estar diferenciados.

<u>Sistema partido</u>: Equipo solar prefabricado cuyos elementos principales (captación y acumulación) se pueden encontrar a una distancia física relevante.

<u>Sistema solar prefabricado</u>: Un sistema de energía solar para los fines de preparación sólo de agua caliente, bien sea como un sistema compacto o un sistema partido. Se produce bajo condiciones que se

presumen uniformes y ofrecidas a la venta bajo un sólo nombre comercial. Un solo sistema puede ser ensayado como un todo en un laboratorio, dando lugar a resultados que representan sistemas con la misma marca comercial, configuración, componentes y dimensiones.

Sombras: Se llama sombra en un campo de helióstatos a la que da un helióstato sobre el que se encuentra detrás por la que una parte de la radiación solar incidente no llega a ese helióstato.

T

Tecnología de Canales Parabólicos, (CP): Sistemas que concentran la radiación solar directa en un absorbedor que es tipo lineal, teniendo el concentrador forma de cilindro-parabólico.

Tecnología de Sistemas de receptor central (RC): Sistemas que concentran la radiación solar directa en un punto situado en una cierta altura del suelo donde se coloca el absorbedor (que en estos casos se denomina receptor central) sujeto éste por una torre.

Tecnología de discos parabólicos (DP): Sistemas que concentran la radiación solar directa en un punto

donde se sitúa el absorbedor que aporta la energía térmica a un motor Stirling.

<u>Tecnología de Reflectores o concentradores lineales de Fresnel (CLF)</u>: Sistemas que concentran la radiación solar directa en un absorbedor que es tipo lineal, teniendo el concentrador forma de espejos planos.

<u>Termodinámica</u>: Rama de la Física y de la Química que se ocupa de la energía. Se puede decir que es la Ciencia de la Energía. Se originó en la Química y en la Ingeniería.

<u>Temperatura de estancamiento del colector</u>: Corresponde a la máxima temperatura del fluido que se obtiene cuando, sometido el captador a altos niveles de radiación y temperatura ambiente y siendo la velocidad del viento despreciable, no existe circulación en el colector y se alcanzan condiciones cuasi-estacionarias.

<u>Termostato de seguridad</u>: Dispositivo utilizado para detectar la temperatura máxima admisible del fluido de trabajo en algún punto de la instalación.

Tiempo de retorno energético: tiempo de utilización de una instalación energética necesaria para recuperar la cantidad de energía consumida en su construcción.

V

Válvula antirretorno: Dispositivo que evita el paso de fluido en un sentido.

Válvula de seguridad: Dispositivo que limita la presión máxima del circuito.

Acrónimos

<u>ACS</u>: Agua Caliente Sanitaria.

<u>AS</u>: Aporte Solar (en kJ).

<u>ASA</u>: Aporte Solar Anual (en kJ/año).

<u>CEAUX</u>: Consumo de Energía Auxiliar.

<u>CGP</u>: Coeficiente Global de Pérdidas.

<u>CS</u>: Contribución Solar (en %).

<u>DEA</u>: Demanda de Energía Anual.

<u>EST</u>: Energía Solar Térmica.

<u>MI</u>: Manual de Instrucciones.

<u>RTI</u>: Responsable Técnico de Instalación de energía solar térmica.

<u>SST</u>: Sistemas Solares Térmicos.

Normativas

Normativas UNIT y UNE-EN de utilidad para instalaciones solares

<u>Listado de normativa UNIT</u>

1. UNIT 705:2009: Sistemas solares térmicos y componentes. Colectores solares. Requisitos.

2. UNIT 1184:2010: Sistemas solares térmicos y componentes. Sistemas prefabricados. Métodos de ensayo.

3. UNIT 1185:2009: Sistemas solares térmicos y componentes. Sistemas prefabricados. Requisitos.

4. UNIT 1195:2012: Sistemas solares térmicos y sus componentes. Instalaciones a medida. Requisitos.

5. UNIT 1196:2012: Sistemas solares térmicos y sus componentes. Instalaciones a medida. Métodos de ensayo.

6. UNIT-ISO 9459-2:1995: Calentamiento solar. Sistemas de calentamiento de agua sanitaria. Parte 2: métodos de ensayo exteriores para la caracterización y predicción de rendimiento anual de los sistemas

solares. Adopt. Octubre 2009, equiv. ISO 9459-2:1995.

7. UNIT-ISO 9488:1999: Energía solar. Vocabulario. Adopt. Febrero 2009, equiv. ISO 9488:1999, MODa aMOD: se adoptó con modificaciones.

8. UNIT-ISO 9806-1:1994: Métodos de ensayo para colectores solares. Parte 1: desempeño térmico de colectores con vidrio de calentamiento liquido considerando caída de presión. Adopt. Octubre 2008, equiv. ISO 9806-1:1994 MOD.

9. UNIT-ISO 9806-2:1995: Métodos de ensayos para colectores solares. Parte 2: procedimientos de ensayo de calificación. Adopt. Noviembre 2008, equiv. ISO 9806-2:1995 IDTb.

10. UNIT-ISO 9806-3:1995: Métodos de ensayo para colectores solares. Parte 3: desempeño térmico de colectores sin vidrio de calentamiento liquido considerando caída de presión (solamente transferencia de calor sensible). Adopt. Diciembre 2008, equiv. ISO 9806-3:1995 IDT.

Listado de normativa UNE-EN

1. UNE-EN 12975-1:2006: Sistemas solares térmicos y componentes. Captadores solares. Parte 1: Requisitos generales.

2. UNE-EN 12975-2:2006: Sistemas solares térmicos y componentes. Captadores solares. Parte 2: Métodos de ensayo.

3. UNE-EN 12976-1:2006: Sistemas solares térmicos y componentes. Sistemas prefabricados. Parte 1: Requisitos generales.

4. UNE-EN 12976-2:2006: Sistemas solares térmicos y componentes. Sistemas prefabricados. Parte 2: Métodos de ensayo.

5. UNE-EN 12977-1:2012: Sistemas solares térmicos y sus componentes. Instalaciones a medida. Parte 1: Requisitos generales para los calentadores de agua solares y las instalaciones solares combinadas.

6. UNE-EN 12977-2:2012: Sistemas solares térmicos y sus componentes. Instalaciones a medida. Parte 2: Métodos de ensayo para los calentadores de agua solares y las instalaciones solares combinadas.

7. UNE-EN 12977-3:2012: Sistemas solares térmicos y sus componentes. Instalaciones a medida. Parte 3:

Métodos de ensayo del rendimiento de los acumuladores de agua de calentamiento solar.

8. UNE-EN 12977-4:2012: Sistemas solares térmicos y sus componentes. Instalaciones a medida. Parte 4: Métodos de ensayo del rendimiento para las instalaciones solares combinadas. IDT: se adoptó de forma idéntica.

9. UNE-EN 12977-5:2012: Sistemas solares térmicos y sus componentes. Instalaciones a medida. Parte 5: Métodos de ensayo del rendimiento para los sistemas de regulación.

Listado de normativa complementaria

1. UNE-EN 1057:2007: Cobre y aleaciones de cobre. Tubos redondos de cobre, sin soldadura, para agua y gas en aplicaciones sanitarias y de calefacción.

2. UNE-EN 12241:1991: Aislamiento térmico para equipos de edificación e instalaciones industriales. Método de cálculo. (Equiv. ISO 12241).

3. UNE-EN 12599:2001: Ventilación de edificios. Procedimientos de ensayo y métodos de medición para la recepción de los sistemas de ventilación y de climatización instalados.

4. UNE-EN 14336:2005 – Sistemas de calefacción en edificios. Instalación y puesta en servicio de sistemas de calefacción por agua.

5. UNE-EN 15316-4-3:2008: Sistemas de calefacción en los edificios. Método para el cálculo de los requisitos de energía del sistema y de la eficiencia del sistema. Parte 4-3: Sistemas de generación de calor, sistemas solares térmicos.

6. UNE-EN 16484-3:2006: Sistemas de automatización y control de edificios (BACS). Parte 3: Funciones. (Equiv. ISO 16484-3).

7. UNE 100152:2004: Climatización. Soportes de tuberías.

8. UNE 112076:2004: Prevención de la corrosión en circuitos de agua.

9. UNE 100010-1:1989: Climatización. Pruebas de ajuste y equilibrado. Parte 1: instrumentación.

10. UNE 100010-2:1989: Climatización. Pruebas de ajuste y equilibrado. Parte 2: mediciones.

11. UNE 100010-3:1989: Climatización. Pruebas de ajuste y equilibrado. Parte 3: ajuste y equilibrado.

Bibliografía

-Guía ASIT de la Energía Solar Térmica. Technical Report. Asociación Solar de la Industria Térmica, España.

-Beckman, W., Klein, S., y Duffie, J. (1982). Proyecto de Sistemas Térmico-solares por el método de las curvas-f.

-Duffie, J. y Beckman, W. Solar Engineering of Thermal Processes. Guide for Policy and Framework Conditions. Technical report, The European Solar Thermal Industry Federation.

-Manual de Energía Solar Fotovoltaica. Ing. Miguel D'Addario.

-Manual de Energía Eólica. Ing Miguel D'Addario.

-Manual de equipos caloríficos. Ing. Miguel D'Addario.

-Guía Práctica de la energía. Consumo Eficiente y Responsable. Technical report, Instituto para la Diversificación y Ahorro de la Energía, España.

-López Lara, G., Kasper, B., y Weyres-Borchert, Instalaciones Solares Térmicas: Manual para uso de Instaladores, Fabricantes, Proyectistas, Ingenieros y Arquitectos, Instituciones de Enseñanza y de Investigación. Technical report, SODEAN, España.

-Peuser, F., Remmers, K., y Schnauss, M. Sistema Solares Térmicos: diseño e instalación. Progensa, Sevilla, España.

-[RITE, 2011] RITE (2011). Reglamento de Instalaciones Térmicas en los Edificios. AENOR.

-Ruiz Hernández, V., López Lara, G., y Martínez Escribano, J. Instalaciones Solares Térmicas para Producción de Agua

Caliente Sanitaria. Technical report, Asociación Técnica Española de Climatización y Refrigeración.

-Calentamiento de agua de piscinas. Technical report, Asociación Técnica Española de Climatización y Refrigeración.

-Preparación de agua caliente para usos sanitarios. Technical report, Asociación Técnica Española de Climatización y Refrigeración.

-BLANCO Muriel, Manuel. Análisis Energético de Sistemas Concentradores. Tesis Doctoral. Departamento de Ingeniería Energética y Mecánica de Fluidos. Universidad de Sevilla.

-Beckman, W.A., Klein, S.A. y Duffie, J.A.: Proyecto de sistemas térmico-solares por el método de las curvas-f. Editorial INDEX, 1982 (ATECYR: Asociación Técnica Española de Climatización y Refrigeración).

-Duffie, J. A. y Beckman, W. A: Solar Engineering of Thermal Processes. Editorial John Wiley & Sons.

-CARNOT, Sadi, Réflexions sur la puissance motrice du feu et sur les machines propes à développer cette puissance. Paris, 1824.

-CASTAÑEDA, N. et al. Sener Parabolic Trough Collector Design And Testing. Proceedings of the XIII International Symposium on Concentrated Solar Power and Chemical Energy Technologies. Sevilla.

-DINTER, F., Geyer, M. y Tamme, R. Thermal Energy Storage for Commercial Applications, Springer-Verlag.

-DUFFIE, J.A. and Beckman, W.A. Solar Engineering of Thermal Process, 2nd ed. New York, John Wiley.

-AL GORE, Una verdad incómoda.

-HERMANN, U., et al. Two-tank molten salt storage for parabolic trough solar power plants. Energy, Vol. 29.

-IQBAL, M.. Solar Radiation. Academic Press.

-K.-J. Riffelmann. PTR70 und UVAC im Vergleich: Wirkungsgradtests, thermische Verlustmessungen sowie Raytracing-Untersuchungen. Materiales del Öffentliches Statusseminar zu Parabolrinnentechnik.

-KEARNEY, D. et al. Assessment of a Molten Salt Heat Transfer Fluid in a Parabolic Trough Solar Field. Transactions of the ASME, Vol 125.

-KEARNEY, D. et al. Engineering aspects of a molten salt heat transfer fluid in a trough solar field. Energy.

Energía solar térmica
Proyectos, cálculos y aplicaciones

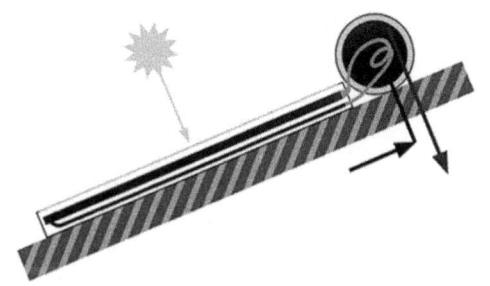

Ing. Miguel D'Addario

Primera edición

CE

2017